Push your Career Publish your Thesis

Science should be accessible to everybody. Share the knowledge, the ideas, and the passion about your research. Give your part of the infinite amount of scientific research possibilities a finite frame.

Publish your examination paper, diploma thesis, bachelor thesis, master thesis, dissertation, or habilitation treatises in form of a book.

A finite frame by infinite science.

Infinite Science
Publishing

University Press Imprint of
Infinite Science GmbH
MFC 1 | Technikzentrum Lübeck
BioMedTec Wissenschaftscampus
Maria-Goeppert-Straße 1
23562 Lübeck, Germany
book@infinite-science.de
www.infinite-science.de/bookstore

Mandy Ahlborg

Bildgebungskonzepte für Magnetic Particle Imaging

Imprint of Infinite Science GmbH,
MFC 1 | BioMedTec Wissenschaftscampus
Maria-Goeppert-Straße 1
23562 Lübeck, Germany

Cover Design and Illustration: Uli Schmidts, metonym
Editorial and Copy Editing: Universität zu Lübeck, Institut für Medizintechnik

Publisher: Infinite Science GmbH, Lübeck, www.infinite-science.de
Printed in Germany, BoD, Norderstedt

ISBN Paperback: 978-3-945954-29-4

Bibliografische Information der Deutschen Nationalbibliothek:
Die Deutsche Nationalbibliothek verzeichnet diese Publikation in der Deutschen Nationalbibliografie; detaillierte bibliografische Daten sind im Internet über http://dnb.d-nb.de abrufbar.

Author

Dr.-Ing. Mandy Ahlborg
Institute of Medical Engineering
University of Lübeck
Ratzeburger Allee 160
23562 Lübeck, Germany
E-mail: ahlborg@imt.uni-luebek.de

Series Editor

Thorsten M. Buzug
Institute of Medical Engineering
University of Lübeck

**Research Series of the
Institute of Medical Engineering
University of Lübeck**

The book series includes reserach foci of the Institute of Medical Engineering of the University of Lübeck, which is working on physical sensing and imaging instrumentation as well as image computing and system modeling in medical and technical applications.

In particular, the series covers the areas of medical and technical imaging using tomographic techniques. This includes the development of reconstruction algorithms, signal-processing methods, front-end electronics, and contrast agents.

Mandy Ahlborg

Bildgebungskonzepte für Magnetic Particle Imaging

Bildgebungskonzepte und
Rekonstruktionsansätze
für große Bildgebungsvolumen
bei Magnetic Particle Imaging

**Research Series of the
Institute of Medical Engineering
University of Lübeck – Volume 1**

Danksagung

Die Fertigstellung dieser Arbeit verdanke ich vielen Menschen, die mich täglich begleiten und mir mit Rat und Tat zur Seite stehen.

Vielen herzlichen Dank an Thorsten Buzug, Tobias Knopp, Timo Sattel, Sven Biederer und Marlitt Jönsson (geb. Erbe) – durch eure enthusiastischen Bemühungen habe ich mich dazu entschlossen, mich mit den spannenden Themen in der innovativen Bildgebungsmodalität Magnetic Particle Imaging zu beschäftigten. Besonderer Dank gilt Thorsten Buzug, der mir die Mitarbeit an einem spannenden Forschungs- und Entwicklungsprojekt ermöglicht hat. Dabei bin ich auf viele inspirierende Persönlichkeiten getroffen. Danke an das Kollegium des Instituts für Medizintechnik, das während meiner Doktorandenzeit an meiner Seite war. Auch den verschiedenen Forschungsgruppen aus der MPI-Gemeinschaft möchte ich meinen Dank aussprechen. Es macht viel Spaß, mit solch kreativen und einfallsreichen Menschen zusammen zu arbeiten.

Ein wichtiger Ausgleich zu meiner Arbeit sind meine Freunde und Familie. Vielen Dank an alle, die mit mir zusammen die Annehmlichkeiten des Lebens teilen. Besonders möchte ich meinen Eltern, Astrid und Frank Grüttner danken, die mir meinen bisherigen Lebensweg geebnet haben. Zuletzt möchte ich dem Menschen danken, der mir am nächsten steht und alle noch so verrückten Zeiten freiwillig mit mir teilt: meinem Mann Felix Ahlborg. Ich danke dir für deine unermüdliche Unterstützung.

Mandy Ahlborg, 22.02.2016

Kurzfassung

Das bildgebende Verfahren Magnetic Particle Imaging (MPI) ermöglicht eine Visualisierung der Konzentrationsverteilung von magnetischen Nanopartikeln durch die Anwendung von Magnetfeldern und ist aufgrund seiner sehr guten Sensitivität für den Einsatz bei der medizinischen Bildgebung sehr vielversprechend. Weiterhin können mit MPI sowohl eine sehr hohe zeitliche als auch eine gute örtliche Auflösung erreicht werden. Erste experimentelle *in vivo* Ergebnisse, die ein schlagendes Mäuseherz mit Hilfe von MPI zeigen, haben diese Vorteile eindrucksvoll bestätigt.

Die Weiterentwicklung von MPI-Scannern hinsichtlich der Größe des zu untersuchenden Objektes hat gezeigt, dass technische und medizinische Faktoren eine Limitierung des Bildgebungsvolumens nach sich ziehen. So ist es notwendig, dass neue Bildgebungskonzepte und Rekonstruktionsansätze für MPI-Scanner in der potentiellen Humananwendung entwickelt werden, um die Vorteile von MPI weiterhin optimal zu nutzen. Dabei muss ein Kompromiss zwischen der örtlichen und zeitlichen Auflösung sowie der Größe des Bildgebungsvolumens gefunden werden.

In dieser Arbeit werden deshalb zunächst verschiedene Bildgebungssequenzen betrachtet, die mit dem derzeitigen Stand der Technik im Bereich des MPI realisiert werden können. Dabei werden die Sequenzen unter Berücksichtigung der anwendbaren Rekonstruktion und der damit verbundenen Eignung in der medizinischen Bildgebung miteinander verglichen und deren anwendungsspezifische Vor- und Nachteile untersucht. Dabei wird auf Messdaten eines präklinischen Systems zurückgegriffen. In diesem Zusammenhang ist es gelungen, die Identität zweier voneinander unabhängiger modellbasierter Rekonstruktionsansätze zu zeigen.

Weiterhin wird in der vorliegenden Arbeit der Ansatz einer hybriden Systemmatrix vorgestellt. Eine Systemmatrix kann verwendet werden, um einen MPI-Scanner für eine Bildrekonstruktion zu kalibrieren. Der Vorgang zur Vermessung einer Systemmatrix ist sehr aufwändig und benötigt viel Zeit. Mit dem hybriden Ansatz lässt sich der Kalibrationsschritt deutlich schneller durchführen und kann unabhängig vom Scanner durchgeführt werden, da ein Spektrometer für die Kalibrationsmessungen verwendet wird.

Um das Bildgebungsvolumen von MPI-Sequenzen zur vergrößern, wird außerdem das Konzept von Patches vorgestellt. Ein Patch deckt jeweils einen kleinen Bildgebungsbereich mit sehr hoher zeitlicher Auflösung ab. Das Zusammensetzen mehrerer Patches erlaubt es das Bildgebungsvolumen auf Kosten der zeitlichen Auflösung zu vergrößern. In dieser Arbeit wird die Eignung von Patches bei MPI anhand von Simulations- und Messdaten gezeigt. Dabei wird der Fokus auf die Artefaktreduktion mittels Nutzung von Informationsredundanz gelegt. Darauf aufbauend werden Symmetrieeffekte bei der Verwendung von Patches ausgenutzt, um eine Reduktion der Kalibrationszeit zu erreichen.

Inhaltsverzeichnis

Kapitel 1

Einleitung

1.1 Motivation des Themas

In der modernen Medizin ist die diagnostische Bildgebung ein wichtiger Bestandteil bei der Patientenversorgung. Verfahren wie die Computertomographie oder die Magnetresonanztomographie sind etablierte Standards im klinischen Alltag. Der Zugewinn an Informationen über vorliegende Krankheitsbilder ermöglicht nicht nur präzise Diagnosen, sondern kann während medizinischer Eingriffe als bildgestützte Überwachung fungieren und anschließend zur Beurteilung des Therapieerfolges beitragen. Aufgrund der unterschiedlichen physikalischen Effekte, die bei den verschiedenen Bildgebungsverfahren ausgenutzt werden, ist der Einsatz der Verfahren auf bestimmte Anwendungsfälle beschränkt. Für komplexe diagnostische Zusammenhänge kommen deshalb oft mehrere Verfahren zum Einsatz.

Eine wichtiger Bestandteil bei der medizinischen Bildgebung ist die Abbildung kleiner Strukturen bei funktionellen Prozessen. Neben einer hohen Sensitivität sind die räumliche und zeitliche Auflösung entscheidende Faktoren. Derzeit kann keines der etablierten Bildgebungsverfahren alle drei Eigenschaften in ausreichendem Maße erfüllen [128].

Das Bildgebungsverfahren Magnetic Particle Imaging (MPI) hat das Potential, diese diagnostische Lücke zu füllen, indem Magnetfelder für die Detektion vorher applizierter magnetischer Tracer verwendet werden. MPI verspricht dadurch, alle drei Eigenschaften für eine erfolgreiche funktionelle Bildgebung zu erfüllen [128]. Es ist zwar für große Volumina nicht möglich alle drei Eigenschaften zur selben Zeit voll auszuschöpfen, allerdings ist es möglich applikationsspezifisch ein angemessenes Qualitätsverhältnis der Eigenschaften zu verwenden.

Die Entwicklung von MPI schreitet seit der ersten Publikation im Jahr 2005 [68] stetig voran. Ein erstes kommerziell erhältliches präklinisches System [65] sowie die Entwicklung eines klinischen Demonstrators [57] sind vielversprechende Entwicklungsschritte für den potentiellen Einsatz von MPI in der Medizin. Weiterhin konnte in ersten *in vivo* Experimenten das Potential von MPI demonstriert werden [102,131]. Bislang sind die Volumina, die mit einer MPI-Bildgebungssequenz abgefahren werden, vergleichsweise klein. Die Gründe hierfür sind komplexe Zusammenhänge, die von der verwendeten Hardware, den Auswirkungen der Bildgebung auf den menschlichen Organismus, dem verwendeten Tracer bis hin zur angewendeten Bildrekonstruktion reichen.

Für die Vergrößerung des Bildgebungsbereiches bei MPI sind derzeit zwei Konzepte verbreitet. Einerseits lässt sich durch mechanische Bewegung des Objektes, beispielsweise durch den Vorschub eines Tisches, die abzubildende Region vergrößern [73,74]. Andererseits können spezielle Magnetfeldkonfigurationen, die eine ausgeweitete Abdeckung mit Hilfe der Bildgebungssequenz erlauben [103, 105], verwendet werden. Dabei können diese zusätzlichen Magnetfelder, auch Fokusfelder genannt, statisch oder kontinuierlich genutzt werden.

Das physikalische Prinzip, das bei MPI Anwendung findet, ermöglicht verschiedene Ansätze eine Signalkodierung vorzunehmen. Hierbei ist ein wesentliches Unterscheidungsmerkmal die Anzahl der Anregungsfelder. MPI-Scanner mit einer eindimensionalen Anregung realisieren eine örtliche Kodierung mittels eines feldfreien Punktes [74, 124] oder einer feldfreien Linie [73, 127]. Werden mehrere Anregungsfelder eingesetzt, so findet derzeit ausschließlich die Kodierung mittels eines feldfreien Punktes Anwendung [65,68,70,116]. Zusätzlich können bei allen Scanner-Konfigurationen die bereits erwähnten Fokusfelder zum Einsatz kommen. Diese Vielfalt an technischen Umsetzungen hat zur Folge, dass auch bei der Bildrekonstruktion verschiedene Verfahren entwickelt werden [71, 72, 91, 106].

In dieser Arbeit sollen Bildgebungskonzepte und Rekonstruktionsansätze des MPI hinsichtlich ihrer Eignung für die Anwendung bei großen Bildgebungsvolumen untersucht werden. Dabei werden die derzeit entwickelten Hardware-Konzepte als Grundlage herangezogen, um die Wechselwirkung zwischen Bildgebungssequenz und Rekonstruktionsmethode zu analysieren. Weiterhin werden für die Vergrößerung des Bildgebungsbereiches Verfahren vorgestellt, die einen möglichst hohen Nutzen aus der vorhandenen Informationsredundanz ziehen, um die Bildgebung zu verbessern sowie zu beschleunigen.

1.2 Gliederung der Arbeit

In Kapitel 2 werden die für diese Arbeit notwendigen Grundlagen des MPI erläutert. Neben dem zugrundeliegenden Funktionsprinzip werden einige physikalische Eigenschaften des MPI-Tracer-Materials vorgestellt. Weiterhin wird die grundlegende Idee der Bildrekonstruktion eingeführt. Abschließend soll auf einige ausgewählte technische Aspekte der Signalverarbeitung eingegangen werden, da diese einen erheblichen Einfluss auf die Bildrekonstruktion haben. Für einen ausführlichen Überblick zum Stand der Technik des MPI sei auf [88] verwiesen.

In Kapitel 3 wird ein Überblick über bisher veröffentlichte Bildgebungssequenzen und Rekonstruktionsstrategien gegeben. Dabei wird eine einheitliche mathematische Notation für die Herleitung verwendet, da diese die Grundlage für das darauffolgende Kapitel bildet. Weiterhin werden die Rekonstruktionsmethoden bezüglich der zugrundeliegenden physikalischen und mathematischen Annahmen kategorisiert.

In Kapitel 4 wird aufbauend auf Kapitel 3 eine Vergleichsstudie zu den Rekonstruktionsstrategien durchgeführt. Für eine weitreichende Einordnung bezüglich der möglichen Anwendung bei verschiedenen Scanner-Topologien werden die Empfangssignale, die mathematischen Voraussetzungen, der Zeitaufwand und das Rekonstruktionsergebnis getrennt voneinander betrachtet. Abschließend werden die Ergebnisse diskutiert und die applikationsspezifischen Vor- und Nachteile in Hinblick auf große Bildgebungsvolumina herausgearbeitet.

In Kapitel 5 wird das Konzept einer hybriden Systemmatrix vorgestellt. Die grundlegende Idee besteht darin, den Zeitaufwand zur Erstellung einer Systemmatrix zu reduzieren, indem ein Magnet-Partikel-Spektrometer verwendet wird. Zur Validierung werden Datensätze für zwei verschiedene Scanner-Topologien herangezogen. Weiterhin wird untersucht, inwieweit sich der Zeitaufwand reduzieren lässt, ohne die Bildrekonstruktion negativ zu beeinflussen.

In Kapitel 6 wird das Konzept der Patch-Bildgebung bei MPI erläutert. In einer Simulationsstudie soll untersucht werden, inwieweit eine Überschneidung der Trajektorien oder Systemmatrizen der einzelnen Patches für eine verbesserte Rekonstruktion genutzt werden kann. Zusätzlich werden verschiedene Trajektorien hinsichtlich ihrer Eignung bei der Patch-Bildgebung untersucht. Dabei steht die Artefaktreduktion im Vordergrund. Anschließend werden die Methoden anhand eines gemessenen zweidimensionalen Datensatzes validiert.

In Kapitel 7 wird weiterführend zu Kapitel 6 die Wiederverwendung einer Systemmatrix für die Rekonstruktion von Patch-Daten vorgeschlagen. Dabei wird von inhomogenen Magnetfeldern ausgegangen, bei deren Verwendung die Spiegelung einer wiederverwendeten Systemmatrix erforderlich wird. Es werden zwei Konzepte vorgestellt, die eine Rekonstruktion mit gespiegelter Systemmatrix ermöglichen und anschließend anhand von Simulations- und Messdaten validiert.

In Kapitel 8 wird eine Zusammenfassung der Arbeit gegeben. Dabei wird die anwendungsspezifische Eignung der Verfahren im Vordergrund stehen. Abschließend wird ein kapitelübergreifender Ausblick im Kontext der aktuellen Forschungsarbeiten des MPI gegeben.

1.3 Originalbeiträge

Im Rahmen der vorliegenden Arbeit sind verschiedene Publikationen entstanden, deren inhaltlicher Fokus auf der Bildrekonstruktion in Hinblick auf verwendete Bildgebungssequenzen liegt. Dies umfasst insbesondere einen Vergleich der bisher publizierten Rekonstruktionsverfahren [29]. Dabei wurde erstmals in einer Veröffentlichung von der gleichen Bildgebungssequenz ausgegangen und die Notation der Verfahren angeglichen. So ist es gelungen, die mathematische Identität zweier etablierter Verfahren zu beweisen [2], die auch in der Praxis nachgewiesen werden konnte.

Weiterhin konnte aufbauend auf den Ergebnissen aus [54] das Konzept der hybriden Systemmatrix anhand mehrerer Scanner-Topologien validiert werden [28]. Damit lässt sich die notwendige Kalibrationszeit deutlich verkürzen. Mit der Entwicklung mehrdimensionaler Spektrometer [16] wird die hybride Systemmatrix eine vielversprechende Methode für die mehrdimensionale Bildgebung. Zusätzlich lässt sie sich mit Verfahren des Compressed Sensing [14, 15] verknüpfen.

In einem weiteren Forschungsbereich der vorliegenden Arbeit wurde die Bildgebung mit Patches untersucht und evaluiert. Hierbei lag der Fokus auf der Artefaktreduktion [30, 41] sowie der Wiederverwendung von Informationen [27]. Mit der Entwicklung von MPI-Scannern für die klinische Anwendung ist es notwendig, Verfahren zur Vergrößerung des Bildgebungsbereiches zu entwickeln. Die vorliegende Arbeit trägt dazu bei, grundlegende Fragen zu klären und an ersten Messdaten zu validieren.

In der Arbeit wurden umfängliche Simulationen durchgeführt, die, soweit möglich, Anlehnung an bereits konstruierte Scanner finden. Aus Darstellungsgründen wurde sich auf zweidimensionale Daten beschränkt. Eine Erweiterung auf den dreidimensionalen Fall ist jedoch ohne weiteres möglich. Um die Simulationen zu validieren, wurden die Konzepte an Messdaten validiert, sofern entsprechende Daten akquiriert werden konnten.

Darüber hinaus konnten in zahlreichen Kooperationen Forschungsergebnisse erarbeitet werden. Dies umfasst Simulationen zur Evaluierung neuer Sequenzen [9,31], spezifischer Hardware-Verbesserungen [34,35,44,47,48] und verschiedener Rekonstruktionsverfahren [45,46,50]. Weiterhin wurden im Bereich der Signalgenerierung und -analyse verschiedene Forschungsarbeiten begleitet [14,19,21,22].

Als Erstautorin wurden die Ergebnisse der Arbeit in einer begutachteten Zeitschrift [29] und auf verschiedenen Konferenzen [1,2,26–28,30] veröffentlicht. Außerdem konnten unter Mitwirkung der Autorin der vorliegenden Arbeit eine Reihe begutachteter Zeitschriftenartikel [8,11,14,19,31,34,35,39,41,47] veröffentlicht, zahlreiche Konferenzbeiträge [3–7,10,12,13,15–18,20–25,32,33,36–38,40,42–46,48–50] verfasst und ein Patent [9] eingereicht werden.

Kapitel 2

Grundlagen des Magnetic Particle Imaging

In der modernen Medizin sind Bildgebungsmodalitäten ein essentieller Bestandteil bei der Diagnose von Krankheitsbildern, während der Behandlung und bei der Therapieüberwachung. Insbesondere die Entwicklung neuer, nicht-invasiver und minimalinvasiver Verfahren wird erst durch applikationsspezifische Bildgebung möglich. Verfahren wie Ultraschall, Magnetresonanztomographie (MRT), Computertomographie (CT) oder Positronen-Emissions-Tomographie sind heute unverzichtbar geworden, wobei jedes dieser Verfahren hinsichtlich der Vor- und Nachteile für verschiedene Diagnosen von Krankheiten eingesetzt wird.

Im Jahr 2005 wurde die neue Modalität Magnetic Particle Imaging (MPI) in der Zeitschrift Nature vorgestellt [68]. MPI ist eine tomographische, funktionelle Bildgebungstechnologie, bei der magnetische Nanopartikel mit Hilfe von Magnetfeldern detektiert werden können. MPI zeichnet sich im Vergleich zu etablierten Verfahren durch eine sensitive Signalaufnahme bei gleichzeitig hoher Orts- und Zeitauflösung aus [128, 131].

Des Weiteren ist die Verwendung von MPI für den Patienten sowie das medizinische Personal als unbedenklich anzusehen. Die Verwendung von Magnetfeldern kommt bereits bei der MRT zum Einsatz und bei Einhaltung der dafür erarbeiteten Sicherheitsstandards für die spezifische Absorptionsrate (SAR) sowie die periphere Nervensti-mulation (PNS) geht keine Gefahr von den Magnetfeldern aus. Das Tracer-Material, bestehend aus speziellen Eisenpartikeln, ist für den Patienten gut verträglich und wird vom Körper über die Leber, so wie das natürlich im Körper vorkommende Eisen, ab-gebaut.

Bereits in der ersten Publikation von B. Gleich und J. Weizenecker im Jahr 2005 [68] wurde klar, dass MPI ein eindrucksvolles Potential birgt. Die ersten *in vivo* Experi-mente im Jahr 2009 [131], durchgeführt mit dem für die Humananwendung zu-gelassenem MRT-Kontrastmittel Resovist®(Bayer Schering Pharma, Berlin, Deutsch-land) [96], konnten diese Prognose bestätigten.

Daraufhin wurden prototypische, präklinische Scanner von verschiedenen Arbeits-gruppen entwickelt [8, 39]. Dabei gibt es zum Teil große Unterschiede in der Rea-lisierung der Bildgebungssequenz. Das grundlegende physikalische Prinzip, basierend auf den verwendeten Partikeln, ist jedoch bei allen gleich. Nach erfolgreicher Evalu-ierung einiger Möglichkeiten mit MPI, wurde 2011 bei Philips die Entwicklung eines Prototypen für die klinische Anwendung begonnen [57].

Die Bandbreite der zukünftig interessanten, potentiellen klinischen Anwendungen ist immens [8, 39, 57, 66, 78]. Aufgrund der hohen zeitlichen Auflösung, die mit MPI er-reicht werden kann, bietet sich zum Beispiel eine Bildgebung bei vaskulären Diagno-sen und Eingriffen an, da eine direkte Abbildung der Blutgefäße sowie der möglicher-weise eingeführten Instrumente möglich ist [78]. Des Weiteren ist die Verwendung applikationsspezifischer Partikel, deren pharmakokinetisches Verhalten über die Par-tikelhülle beeinflusst werden kann, sehr attraktiv. Ein weiteres Anwendungsbeispiel von MPI ist die Detektion des Wächterlymphknotens bei Mammakarzinomen [67]. Aber auch für die Stammzellenforschung kann MPI aufgrund seiner hervorragenden Sensitivität genutzt werden [112].

Das zugrundeliegende Funktionsprinzip von MPI wird in Abschnitt 2.1 in Hinblick auf die verwendeten Partikel sowie die genutzten physikalischen Effekte beleuchtet. Die zur Bildrekonstruktion führende Signalauswertung in Abschnitt 2.2 beschreibt die grundlegende Methode zur Bestimmung der Partikelverteilung. Da es ein direktes Zu-sammenspiel zwischen dem physikalischen Funktionsprinzip und der Rekonstruktion, abhängig von der Funktionsweise des Scanners, gibt, werden in Abschnitt 2.3 die wich-tigsten technischen Aspekte für die Signalgenerierung und -akquisition betrachtet.

2.1 Funktionsprinzip des MPI

Die grundlegende Idee bei MPI basiert auf der Interaktion verschiedener Magnetfelder und dem Verhalten magnetischer Nanopartikel in diesen Feldern, welches in einem messbaren Spannungssignal resultiert. Da MPI-Tracer maßgeblich die Bildqualität beeinflussen, müssen sie spezifischen Anforderungen genügen. Weiterhin kann detailliertes Wissen über das Magnetisierungsverhalten der Partikel verwendet werden, um die Bildrekonstruktion positiv zu beeinflussen. In Abschnitt 2.1.1 sollen die wichtigsten Aspekte der Partikel für diese Arbeit erklärt werden. Die zugrundeliegende Theorie von MPI wird in 2.1.2 für den eindimensionalen Fall vorgestellt. Um das volle Potential von MPI zu nutzen, ist die Erweiterung auf eine dreidimensionale Bildgebung notwendig. Die erforderlichen Prozesse und die daraus resultierenden Herausforderungen werden in Abschnitt 2.1.3 adressiert.

2.1.1 MPI-Tracer

Nanopartikel sind sehr vielseitig in zahlreichen technologischen und lebenswissenschaftlichen Bereichen einsetzbar. Vor allem im Bereich der Medizin- und Biotechnologie werden Nanopartikel immer häufiger verwendet. Beispielsweise werden Nanopartikel als intrakorporale Trägersysteme für pharmazeutische Wirkstoffe in der Chemotherapie verwendet, um so eine möglichst genaue Platzierung des Medikamentes im Tumor zu ermöglichen [123]. Auch Nanopartikel selbst können im Bereich der Therapie zum Einsatz kommen. Ein Ansatz ist die Verwendung von magnetischen Nanopartikeln, die direkt in das Tumorgewebe eingebracht werden. Anschließend werden die Partikel lokal erwärmt, sodass es entweder zu einer Nekrose des Tumorgewebes durch Denaturierung der Proteine kommt oder eine Sensibilisierung für eine anschließende Radio- oder Chemotherapie erreicht wird [52, 132].

Bei der Bildgebung mit MPI kommen magnetische Eisenoxidpartikel zum Einsatz. Wenn diese Partikel so klein sind, dass der magnetische Kern eine einzelne Domäne ausbildet, werden die Partikel superparamagnetisch, das heißt, sie besitzen nur bei einem angelegten Magnetfeld eine Magnetisierung. Typischerweise haben superparamagnetische Partikel einen Kerndurchmesser zwischen 1 nm und 30 nm und einen hydrodynamischen Durchmesser zwischen 40 nm und 400 nm. In der MPI-Literatur wird oft die Kurzbezeichnung magnetische Nanopartikel (MNP) verwendet. Die typische Magnetisierungskurve solcher MNP weist bei einer Magnetfeldstärke nahe $0\,\mathrm{Am^{-1}}$ einen dynamischen, nichtlinearen Magnetisierungsverlauf auf und verbleibt bei höheren Feldstärken in einer Sättigungsmagnetisierung M^S. Der Verlauf der Kurve wird maßgeblich durch die Kerngröße der Partikel beeinflusst und ist exemplarisch in Abbildung 2.1 dargestellt.

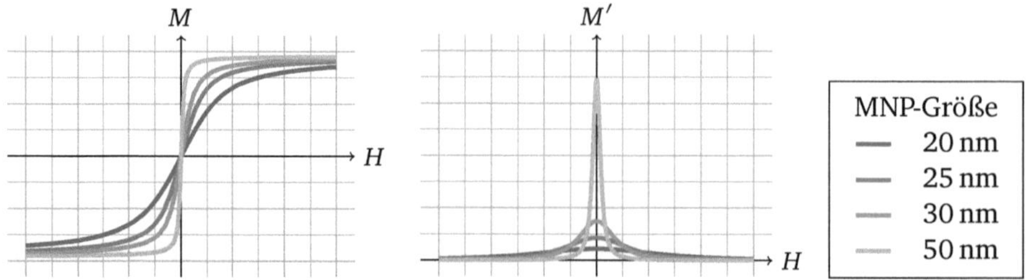

Abbildung 2.1: Die Magnetisierung der MNP in einem Magnetfeld (links) weist einen dynamischen und einen statischen Bereich, der der Sättigungsmagnetisierung entspricht, auf. Durch Variation der Partikelgröße lässt sich die Größe des dynamischen Bereiches verändern. Dies spiegelt sich ebenfalls in der Ableitung der Magnetisierung wider (rechts). Dabei gilt, je größer der Kerndurchmesser der MNP, desto kleiner der dynamische Bereich.

Jedes einzelne MNP besitzt ein magnetisches Moment $\boldsymbol{m}$, welches insbesondere durch das Material und den Kerndurchmesser des Partikels bestimmt ist. Da ein MPI-Tracer aus einer Vielzahl von Partikeln besteht, wird im Folgenden das durchschnittliche magnetische Moment $\overline{\boldsymbol{m}}$ verwendet, welches als Summe der Momente aller Partikel sowohl für monodisperse als auch für heterodisperse MNP-Tracer angegeben werden kann [84].

Wirkt ein externes Magnetfeld auf das magnetische Moment der MNP, drehen sich diese in die Feldrichtung des Magnetfeldes. In einem örtlich sowie zeitlich variierenden Magnetfeld erzeugen die MNP deshalb in Abhängigkeit vom magnetischen Moment $\overline{\boldsymbol{m}}(\boldsymbol{r}, t)$ und von der Konzentration der vorliegenden Suspension $c(\boldsymbol{r})$ eine Magnetisierung

$$M(\boldsymbol{r}, t) = \overline{\boldsymbol{m}}(\boldsymbol{r}, t)\,c(\boldsymbol{r}),\tag{2.1}$$

die gemessen werden kann und bei MPI für die Bildgebung genutzt wird (vgl. Abschnitt 2.1.2). Dabei ist zu berücksichtigen, dass sich eine potentielle Anisotropie der MNP auf das Messsignal auswirkt. Die Anisotropie hat zur Folge, dass die Partikel eine Vorzugsrichtung bezüglich ihrer Magnetisierung aufweisen und folglich das magnetische Moment der Partikel je nach Richtung unterschiedlich hoch ist [76]. Dadurch kann es zu einer verzögerten Ausrichtung der Partikel kommen. Dieser Effekt wird als Relaxationseffekt bezeichnet und lässt sich durch zwei Prozesse beschreiben: die Néel-Relaxation [98] und die Brown-Relaxation [58]. Die Néel-Relaxation beschreibt den Prozess der Ausrichtung des magnetischen Moments innerhalb eines Partikels. Die Brown-Relaxation beschreibt die Ausrichtung des gesamten Partikels.

Unter der Annahme, dass die Partikel keine nennenswerte Anisotropie aufweisen, kann von einer Ausrichtung der Magnetisierung ohne Verzögerung ausgegangen werden. Damit gilt, dass $M(r,t)$ direkt vom angelegten Magnetfeld abhängt und demnach der Betrag der Magnetfeldstärke ausschließlich vom Betrag des Magnetfeldes abhängt und die Richtung der Magnetisierung zu jeder Zeit der Richtung des Feldes entspricht. Daraus folgt, dass

$$M(r,t) = M(H(r,t)) = |M(|H(r,t)|)| \frac{H(r,t)}{|H(r,t)|}. \tag{2.2}$$

Um das Verhalten der MNP ohne Anisotropie und Relaxation in einem Magnetfeld vorherzusagen, wird als einfache Abschätzung die Langevin-Theorie des Paramagnetismus herangezogen [60]. In verschiedenen Experimenten wurde nachgewiesen, dass die Langevin-Theorie eine gute Annäherung für eindimensional angeregte Partikel darstellt [68, 128].

Die Langevin-Funktion ist definiert als

$$\mathcal{L}(\xi) = \coth(\xi) - \frac{1}{\xi} \tag{2.3}$$

und wird zur Modellierung des Betrags der Partikelmagnetisierung

$$|M(|H(r,t)|)| = \begin{cases} c(r)\,|m|\,\mathcal{L}\left(\frac{\mu_0|m||H(r,t)|}{T^P k_B}\right) & |H(r,t)| > 0 \\ 0 & |H(r,t)| = 0 \end{cases} \tag{2.4}$$

in Abhängigkeit vom Betrag eines Magnetfeldes, also der Magnetfeldstärke, verwendet.

Dabei entspricht $|m| = \frac{1}{6}\pi D^3 M^S$ dem Betrag des magnetischen Momentes eines einzelnen Partikels abhängig von seinem Kerndurchmesser D und seiner Sättigungsmagnetisierung M^S (typischerweise $M^S = 0{,}6\,\mathrm{T}\mu_0^{-1}$ für Magnetit). Die Konzentration der Partikel $c(r)$ entspricht der Anzahl der Partikel pro Volumen. Die Permeabilität wird mit μ_0, die Partikeltemperatur mit T^P und die Boltzmannkonstante mit k_B bezeichnet.

Zur Charakterisierung der MNP hinsichtlich der Qualität bei einer Bildgebung mit MPI, lässt sich die Ableitung der Magnetisierung

$$\frac{\partial\,|M(|H(r,t)|)|}{\partial\,|H(r,t)|} = \begin{cases} c(r)\,|m|\,\frac{\mu_0|m|}{T^P k_B}\,\mathcal{L}'\left(\frac{\mu_0|m||H(r,t)|}{T^P k_B}\right) & |H(r,t)| > 0 \\ \frac{1}{3} & |H(r,t)| = 0 \end{cases} \tag{2.5}$$

heranziehen, die wiederum mit Hilfe der Ableitung der Langevin-Funktion

$$\mathscr{L}'(\xi) = \frac{1}{\xi^2} - \frac{1}{\sinh^2(\xi)} \tag{2.6}$$

bestimmt wird.

Mit der Langevin-Theorie des Paramagnetismus können bereits einige Parameter abgeleitet werden, die Auswirkungen auf das Magnetisierungsverhalten der Partikel und dadurch direkt auf die mit MPI erreichbare Bildqualität haben.

Die Ableitung der Magnetisierung steht im direkten Zusammenhang zu der Punktspreizfunktion (PSF) eines Partikels (oft auch als Faltungskern bezeichnet) und liefert somit ein Maß für die örtliche Ausdehnung des Signals eines Partikels [86]. Die daraus resultierende Halbwertsbreite (engl. *full width half maximum*, FWHM) ist in der Bildgebung eine verbreitete Möglichkeit zur Abschätzung der örtlichen Auflösung [53]. Eine Veranschaulichung der FWHM ist in Abbildung 2.2 gegeben. Wie in Abbildung 2.1 zu sehen, gilt für größere MNP, dass die Magnetisierung einen steileren Verlauf hat, was in einer kleineren FWHM resultiert. Die FWHM ist bei MPI demnach ein Maß für den dynamischen Bereich der Magnetisierungsänderung in einem Magnetfeld und kann so für eine Auflösungsabschätzung herangezogen werden [88]. Damit lässt sich zeigen, dass die Eigenschaften der MNP entscheidend zur örtlichen Auflösung bei MPI beitragen. Alternativ kann für eine realistische Abschätzung die Modulationsübertragungsfunktion zur Analyse der örtlichen Auflösung und des theoretisch erreichbaren Signal-Rausch-Verhältnisses (engl. *signal to noise ratio*, SNR) herangezogen werden [86].

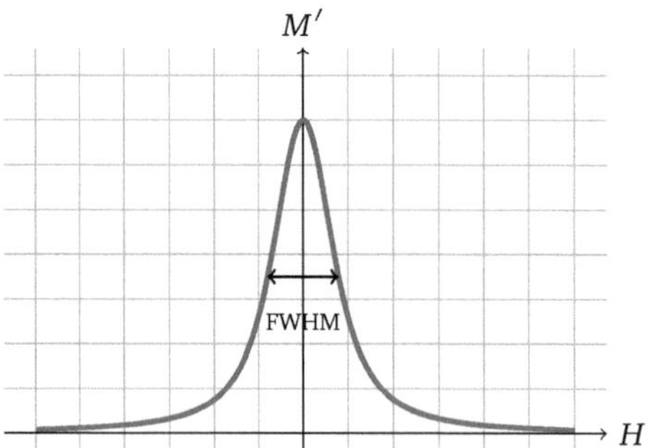

Abbildung 2.2: Die FWHM einer Magnetisierungsableitung entspricht der Breite der Funktion bei der Hälfte des maximalen Funktionswertes.

Für die mehrdimensionale Partikelanregung ist eine realistische Vorhersage der Magnetisierung nur durch komplexe stochastische Modelle möglich, da die Anisotropie und Relaxation der Partikel, beeinflusst durch die Néel- und Brown-Rotation, einen messbaren Einfluss auf das Signal haben [111, 130].

2.1.2 Eindimensionales MPI

Der Einsatz von Magnetfeldern im Bereich der medizinischen Diagnose [59] und Therapie [52] ist sehr vielversprechend und erfolgreich. Insbesondere die Patientensicherheit, die bei röntgenstrahlenbasierten Verfahren eine Herausforderung darstellt, ist bei Beachtung der medizinischen Sicherheitsstandards als sehr sicher einzustufen.

Bei MPI werden Magnetfelder verwendet, um die örtliche Konzentrationsverteilung von magnetischen Nanopartikeln mit Eigenschaften, wie in Abschnitt 2.1.1 beschrieben, zu bestimmen. Hierfür wird ein magnetisches Gradientenfeld, bezeichnet als *Selektionsfeld* $H^S(x) = G_x x$, erzeugt. Die Gradientenstärke wird mit G_x und die örtliche Position mit $x \in \mathbb{R}$ bezeichnet. Das Selektionsfeld ist gekennzeichnet durch einen feldfreien Punkt (FFP), einem Bereich in dem die magnetische Feldstärke $H^S(x) = 0\,\mathrm{Am}^{-1}$ beträgt. Die Feldstärke steigt mit der Entfernung zum FFP idealerweise linear an.

Betrachtet man die Magnetisierungskurve der MNP, wird deutlich, dass eine Richtungsänderung der Magnetisierung der Partikel nur bei einer Feldstärke um $0\,\mathrm{Am}^{-1}$ möglich ist (vgl. Abbildung 2.1). Das bedeutet, bei angelegtem Selektionsfeld können nur Partikel innerhalb oder sehr nahe dem FFP, also im Niedrigfeldbereich, remagnetisiert werden.

Alternativ zum FFP-Selektionsfeld wurde für die MPI-Bildgebung ein Selektionsfeld vorgeschlagen, das einen feldfreien Bereich in Form einer Linie ausprägt [89, 129]. Dadurch wird die Sensitivität bei der Signalaufnahme stark erhöht, die für eine verbesserte Bildgebung genutzt werden. Zur Erzeugung einer feldfreien Linie (FFL), werden verschieden ausgerichtete Gradientenfelder kombiniert. Das Funktionsprinzip von MPI bei Nutzung einer FFL entspricht, mit Ausnahme des Akquisitionsschemas, dem bei Nutzung eines FFPs. Allerdings ergibt sich durch die veränderte Aufnahme der Daten, die Möglichkeit Rekonstruktionsalgorithmen aus der CT zu verwenden [90]. Da sich die in dieser Arbeit betrachteten Aspekte leicht auf die FFL-Bildgebung übertragen lassen, wird keine explizite Unterscheidung zwischen FFP und FFL vorgenommen.

Um die Partikel innerhalb des FFPs anzuregen, wird ein zweites Magnetfeld mit hoher örtlicher Homogenität, genannt *Anregungsfeld*, $H^A(t)$ angelegt, dessen Magnetfeldstärke zeitlich oszilliert. Typischerweise wird die Oszillation durch eine Sinusschwingung innerhalb eines schmalen Frequenzbandes um $25\,\mathrm{kHz}$ realisiert [64,68,70,116], allerdings ist die Anregungsfrequenz für MPI nicht auf diesen Frequenzbereich beschränkt [57,75].

Mathematisch kann das Anregungsfeld mit $H^A(t) = A_x \sin(2\pi f_x t + \phi_x)$ beschrieben werden, wobei A_x die Amplitude, f_x die Frequenz und ϕ_x die Phase des Anregungssignals bezeichnet.

Durch die Überlagerung von Anregungs- und Selektionsfeld ergibt sich ein kombiniertes Magnetfeld

$$H^{S\&A}(x, t) = H^S(x) + H^A(t).$$

$$(2.7)$$

An jeder Position x wird die Auslenkung des Anregungssignals $H^A(t)$ um den konstanten Wert $H^S(x)$ verschoben. Das bedeutet, die minimale und maximale Amplitude der Sinusschwingung des Gesamtfeldes $H^{S\&A}(x, t)$ verändert sich in Abhängigkeit von $H^S(x)$. Partikel, die sich nicht in unmittelbarer Nähe zum FFP befinden, verbleiben deshalb trotz Anregungssignal in Sättigung. Aufgrund der ansteigenden Feldstärke im Selektionsfeld wird die Magnetfeldstärke, bei der die Partikel in Sättigung verbleiben, nicht unterschritten. Für Partikel im FFP verbleibt die Sinusanregung im Niedrigfeldbereich und sorgt so für eine messbare Remagnetisierung.

Das nichtlineare Magnetisierungsverhalten hat zur Folge, dass das Anregungssignal zu einem sinusähnlichen Magnetisierungsverlauf führt, der neben der Grundfrequenz des Anregungssignals auch Vielfache dessen enthält. Mit Hilfe von dedizierten Empfangsspulen lässt sich die zeitliche Ableitung der Magnetisierungsänderung detektieren. Das daraus resultierende Frequenzspektrum weist entsprechend Harmonische der Frequenz f_x auf. Anhand der Amplitude des Empfangssignals lässt sich direkt die Partikelkonzentration ablesen, womit eine quantitative Auswertung der Partikelverteilung möglich wird.

In Abbildung 2.3 sind beispielhaft drei Partikelpositionen im Feld $H^{S\&A}(x, t)$ aufgezeigt. Es ist zu erkennen, dass Partikel im und nahe am FFP eine Anregung erfahren und so zum Empfangssignal beitragen. Dahingegen verbleiben Partikel außerhalb des Niedrigfeldbereiches trotz vorliegendem Anregungssignal permanent in Sättigung und erzeugen so kein Signal.

Da nicht nur Partikel an einem Punkt im Raum, sondern in der gesamten Region von Interesse (engl. *region of intereset*, ROI) visualisiert werden sollen, ist eine Veränderung der Position des FFPs in Relation zum Objekt erforderlich. Ein naheliegender Ansatz ist, das Objekt schrittweise zu verschieben [68]. Diese Vorgehensweise ist sehr zeitaufwendig und die örtliche Auflösung ist stark abhängig von der Genauigkeit der Objektbewegung. Die Verwendung einer kontinuierlichen Objektbewegung ist ebenfalls möglich (vgl. Abschnitt 3.1.2). Eine alternative Möglichkeit besteht darin, Magnetfelder einzusetzen, die eine Bewegung des FFPs durch eine zeitliche Variation der Magnetfeldstärke ermöglichen. Dazu kann direkt das Anregungsfeld verwendet werden [68], wobei die Amplitude und somit die Auslenkung des Feldes entsprechend erhöht werden muss. Da das Anregungsfeld typischerweise sinusförmig oszilliert, weist

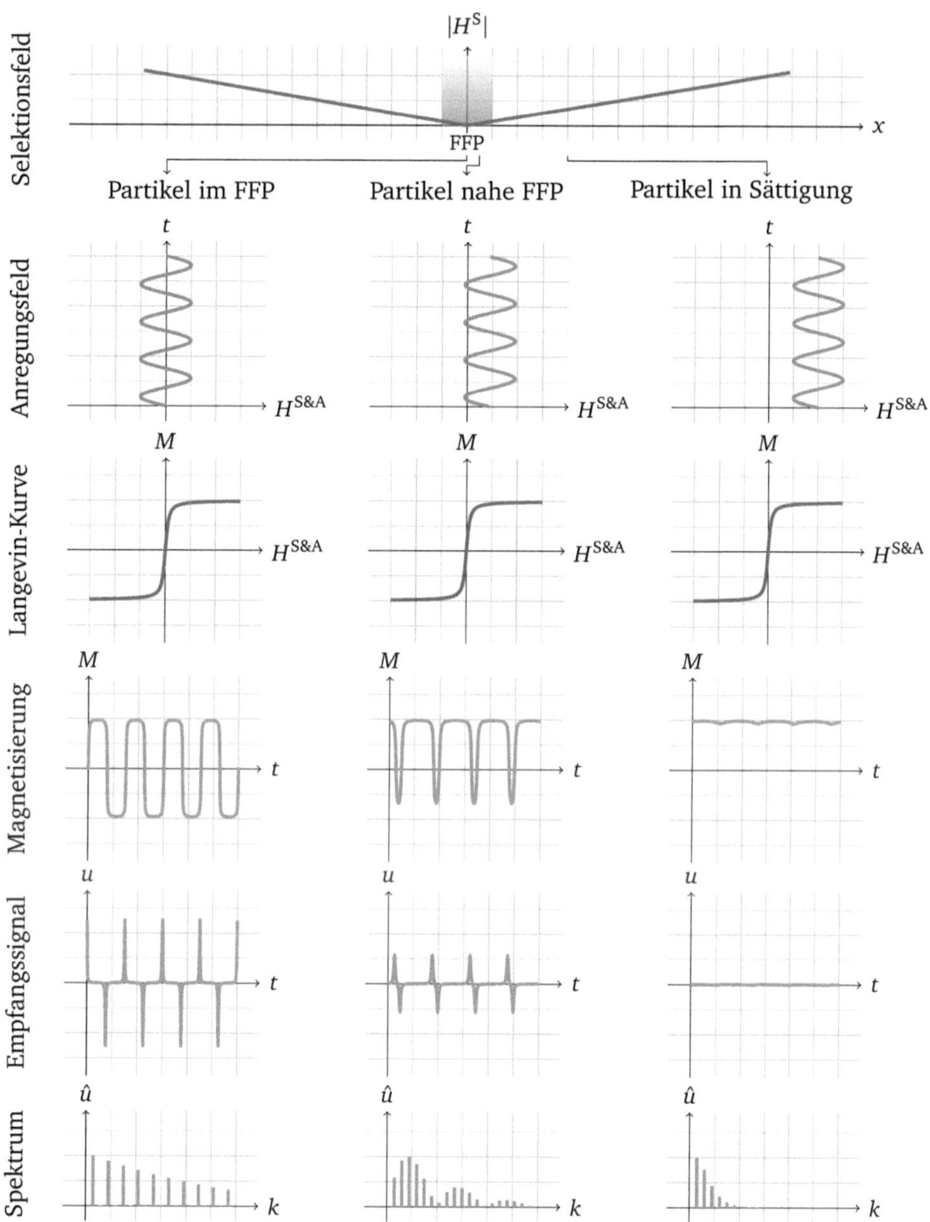

Abbildung 2.3: Die örtliche Kodierung bei MPI wird mit dem Selektionsfeld erreicht, das einen FFP ausprägt. Partikel im und nahe dem FFP erfahren bei einem angelegten Anregungsfeld eine Magnetisierungsänderung, die im Empfangssignal sichtbar wird. Aufgrund des nichtlinearen Magnetisierungsverlaufes der Partikel lassen sich im Spektrum des Empfangssignals Harmonische der Anregungsfrequenz erkennen. Partikel außerhalb des Einflussbereiches des FFPs verbleiben in Sättigung.

auch die FFP-Geschwindigkeit einen sinusiodalen Verlauf auf. In Abbildung 2.4 wird dies verdeutlicht, wobei zur anschaulichen Darstellung des FFPs das Selektionsfeld zweidimensional dargestellt wird.

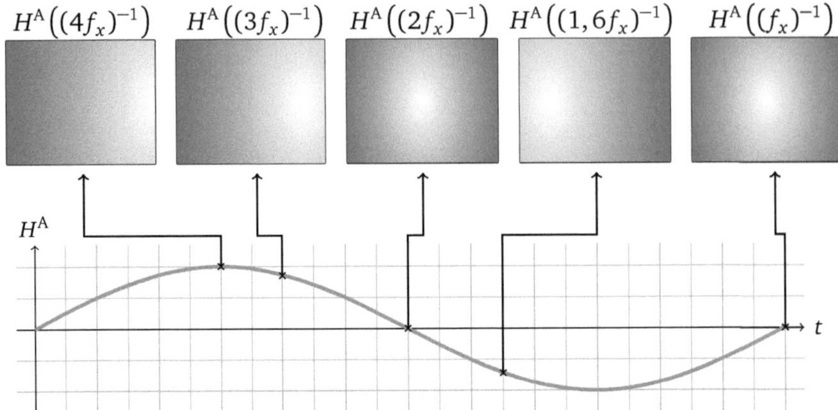

Abbildung 2.4: Eine Möglichkeit der FFP-Bewegung besteht in der Verwendung des Anregungsfeldes. Die zeitliche Variation der Feldamplitude, bedingt durch die sinusoidale Schwingung, beeinflusst die örtliche Position des FFPs. Dabei gilt, je höher die Feldstärke, desto größer ist die Verschiebung des FFPs in Relation zu seiner Ausgangsposition. Das Vorzeichen der Magnetfeldstärke bedingt die Bewegungsrichtung.

Da das Anregungssignal eine hohe Frequenz im Kilohertzbereich aufweist, liegt die Dauer der eindimensionalen Bewegung des FFPs zur Abtastung des FOVs innerhalb 1 ms. Der dabei abgetastete Bereich wird als Betrachtungsfeld (engl. *field of view*, FOV) bezeichnet[1]. Des Weiteren kann die Auslenkung des FFPs und somit die Größe des abgetasteten Bildbereichs durch die Amplitude A_x reguliert werden. Das Intervall des FOVs, also die Abdeckung des Bildbereiches durch die Trajektorie, kann durch

$$\left[-\frac{A_x}{G_x}, \frac{A_x}{G_x}\right] \tag{2.8}$$

angegeben werden. Nimmt man eine konstante Gradientenfeldstärke an, dann führt eine Erhöhung der Amplitude zu einer Vergrößerung des FOVs. Allerdings gibt es, bedingt durch technische Einschränkungen und medizinische Sicherheitsstandards, eine obere Grenze für die Wahl der Amplitude. Auf der technischen Seite ist insbesondere die benötigte Leistung zur Erzeugung der Magnetfelder eine starke Limitierung, da eine ausreichende Kühlung realisiert werden muss. Aus medizinischer Sicht sind die zu beachtenden Parameter die spezifische Absorptionsrate, die zur Erwärmung des Gewebes führen kann, sowie die periphere Nervenstimulation, die Muskelkontraktionen

---

[1] Die Begriffe ROI und FOV werden oft nicht klar unterschieden. In der vorliegenden Arbeit bezeichnet das FOV immer den Bereich, der durch die FFP-Bewegung abgedeckt wird. Im Gegensatz dazu definiert die ROI den Bereich, in dem die Information der Partikelkonzentration von Interesse ist.

hervorruft. Im Bereich der klinischen MRT wird mit festgelegten Obergrenzen für die SAR und die PNS gearbeitet [51]. Diese Werte können jedoch nicht ohne weiteres auf MPI übertragen werden, da sich die verwendeten Magnetfelder der beiden Modalitäten zu stark unterscheiden. Deshalb beschäftigen sich einige Arbeitsgruppen intensiv mit der Bestimmung der Amplitudengrenzen für MPI abhängig von der verwendeten Frequenz [62, 108, 109, 113, 119].

Durch die Kombination von Selektions- und Anregungsfeld und die elektromagnetische FFP-Bewegung durch das Anregungsfeld ist es möglich, eine schnelle Abtastung des Bildbereiches zu realisieren. Über das induzierte Spannungssignal beziehungsweise dessen Spektrum können über geeignete Rekonstruktionsverfahren (vgl. Abschnitt 2.2) Rückschlüsse auf die Partikelverteilung gezogen werden.

2.1.3 Mehrdimensionales MPI

Für die medizinische Bildgebung ist in vielen Fällen dreidimensionale Information erforderlich. MPI ist diesbezüglich besonders vorteilhaft, da für eine Erweiterung von einer Dimension auf drei Dimensionen eine Verdreifachung der Komponenten durchgeführt werden kann. Die Definition des Selektionsfeldes erweitert sich damit auf $H^S(r) = G \circ r$, wobei $\circ$ das Hadamard-Produkt, $r \in \mathbb{R}^3$ die Ortskomponente und

$$G = \begin{pmatrix} G_x \\ G_y \\ G_z \end{pmatrix} \tag{2.9}$$

den Vektor der Gradientenstärke in den drei Raumrichtungen beschreibt. Da ein Gradientenfeld durch zwei gegenüberliegende Permanentmagneten oder Spulen in Maxwell-Anordnung erzeugt werden kann, besteht die Erweiterung auf drei Dimensionen im Falle des Selektionsfeldes in der Betrachtung aller Richtungen des Feldes. Eine Vervielfachung der Hardware ist nicht notwendig. Begründet durch die radiale Feldsymmetrie und das Gaußsche Gesetz des Magnetismus, lässt sich zeigen, dass um den erzeugten FFP die Magnetfeldstärke in elliptischer Form ansteigt (vgl. Abbildung 2.4), da $G_x + G_y + G_z = 0$ gilt. Dadurch ergibt sich eine 3D-Kodierung, deren örtliches Auflösungsvermögen in eine Richtung doppelt so gut ist, wie in den beiden anderen Richtungen. Die Ausrichtung und damit die Gradientenvorzugsrichtung werden durch die Anordnung der Spulen bestimmt.

Für eine schnelle dreidimensionale Abdeckung des FOVs, ist eine Verdreifachung des Anregungsfeldes notwendig. Dabei werden drei zueinander orthogonal ausgerichtete Magnetfelder überlagert:

$$H^{\mathrm{A}}(t) = \begin{pmatrix} A_x \sin(2\pi f_x t + \phi_x) \\ A_y \sin(2\pi f_y t + \phi_y) \\ A_z \sin(2\pi f_z t + \phi_z) \end{pmatrix}. \tag{2.10}$$

Wird die Bewegung des FFPs nach Gleichung 2.10 realisiert, kommt es folglich auch zu einer dreidimensionalen Anregung der Partikel, die für die spätere Bildrekonstruktion verwendet werden kann. An dieser Stelle sei angemerkt, dass es alternative Ansätze für die dreidimensionale FFP-Bewegung gibt, deren Vor- und Nachteile detailliert in den Kapiteln 3 und 4 behandelt werden.

Analog zur 1D-Bildgebung mit MPI wird die Auslenkung des FFPs durch die Gradientenstärke in die jeweilige Raumrichtung und die Amplitude der Anregungsfelder bestimmt:

$$\left[-\frac{A_x}{G_x}, \frac{A_x}{G_x} \right] \times \left[-\frac{A_y}{G_y}, \frac{A_y}{G_y} \right] \times \left[-\frac{A_z}{G_z}, \frac{A_z}{G_z} \right]. \tag{2.11}$$

Die Bahn, die ein FFP durch die Variation der Magnetfelder beschreibt, wird gemeinhin als Trajektorie bezeichnet. Durch geeignete Wahl der Frequenzen f_x, f_y und f_z und insbesondere deren Verhältnis zueinander, lässt sich die Abdeckung des FOVs beeinflussen. Bislang gilt die Lissajous-Trajektorie als geeignet, da sie eine gleichmäßig dichte Abdeckung darstellt [85].

Bei einer Lissajous-Trajektorie ist es üblich, die Frequenzen kommensurabel zu wählen, um eine geschlossene Trajektorie zu erzeugen [85]. Für eine geeignete Darstellung können die Frequenzen abhängig von einer Basisfrequenz f_b angegeben werden. Dabei gilt

$$f_x = \frac{f_b}{n_x}, f_y = \frac{f_b}{n_y} \text{ und } f_z = \frac{f_b}{n_z} \tag{2.12}$$

mit den Frequenzteilern $n_x, n_y, n_z \in \mathbb{N}$. Je höher die Frequenzteiler gewählt werden, desto dichter ist die Trajektorie. Unter den gegebenen Voraussetzungen kann die Repetitionszeit einer Trajektorie durch

$$T^{\mathrm{rep}} = \frac{\mathrm{kgV}(n_x, n_y, n_z)}{f_b} \tag{2.13}$$

berechnet werden. Dabei ist kgV() eine Funktion zur Berechnung des kleinsten gemeinsamen Vielfachen der Funktionsparameter. Durch die Wahl der Frequenzen, die typischerweise um 25 kHz liegen, lässt sich T^{rep} so wählen, dass eine Echtzeitbildgebung möglich wird. In Abbildung 2.5 sind exemplarisch zweidimensionale Lissajous-Trajektorien mit unterschiedlicher Dichte abgebildet.

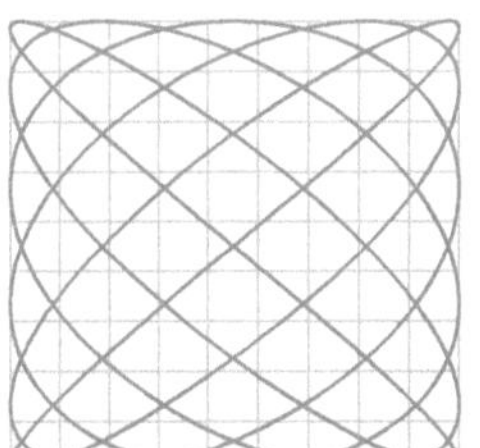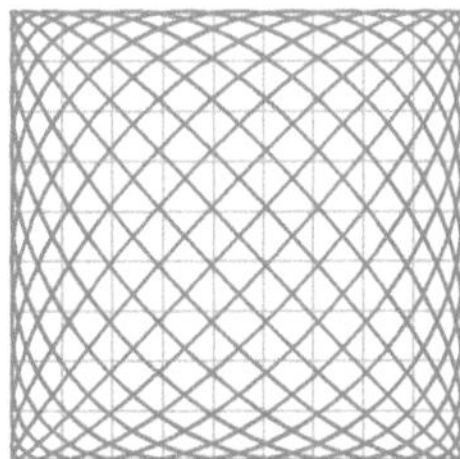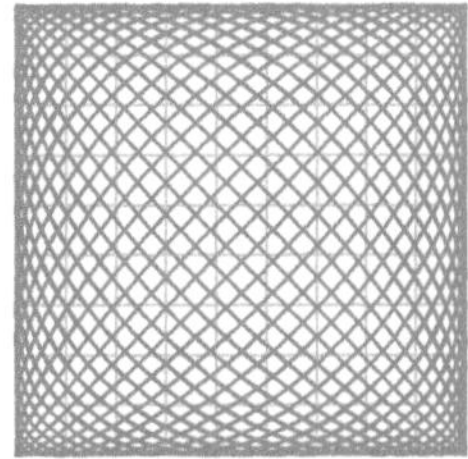

Abbildung 2.5: Darstellung beispielhafter zweidimensionaler Lissajous-Trajektorien mit den Frequenzteilerverhältnissen $n_x/n_y = 6/5$, $12/13$ und $22/23$ (von links nach rechts). Je kleiner das Frequenzteilerverhältnis gewählt wird, desto dichter ist die Abdeckung durch die Trajektorie und desto höher ist die Repetitionszeit.

Da die Amplitude des Anregungssignals, wie in Abschnitt 2.1.2 beschrieben, aus leistungstechnischen und medizinischen Gründen nicht beliebig groß gewählt werden kann, wurde die Verwendung von Fokusfeldern vorgeschlagen [70]. Fokusfelder können sowohl statische [103] als auch dynamische [102] Magnetfelder sein und werden verwendet, um die FOV-Größe, zusätzlich zur Auslenkung durch das Anregungsfeld, zu erhöhen. Die Konzepte und die dadurch entstehenden Herausforderungen werden detailliert in Kapitel 6 vorgestellt.

Das bei der mehrdimensionalen Anregung empfangene Spannungssignal enthält neben den Harmonischen der verwendeten Anregungssignale auch Mischfrequenzen, die durch Überlagerung der Anregungsfrequenzen entstehen [91, 107]. Dies bedeutet insbesondere, dass die Summe der Empfangssignale zweier eindimensionaler Anregungen nicht dem Empfangssignal der zweidimensionalen Anregung entspricht, da die Mischfrequenzen nicht enthalten sind.

2.2 Rekonstruktion der Partikelverteilung

Mit den in MPI gewonnenen Empfangsdaten können keine direkten Rückschlüsse auf die Partikelverteilung gezogen werden. Der zeitliche Magnetisierungsverlauf aller im FOV befindlichen MNP ist im Spannungssignal $u(t)$ beziehungsweise im davon abgeleitetem Spektrum $\hat{u}_k$ kodiert. Die Hauptaufgabe der Bildrekonstruktion besteht darin, aus dem kumulierten Empfangssignal die Signale der einzelnen Ortspunkte zu bestimmen.

Ausgehend von idealen Bedingungen gilt, dass $u_{p_1}(t) + u_{p_2}(t) = u_{p_{1\&2}}(t)$, wobei p_1 und p_2 zwei beliebige Partikelverteilungen darstellen und $p_{1\&2}$ die Kombination der beiden ist. In Abbildung 2.6 ist dieser Zusammenhang für drei verschiedene Partikelpositionen exemplarisch dargestellt. Äquivalent zum Zusammenhang im Zeitbereich gilt die Aussage auch im Fourier-Raum.

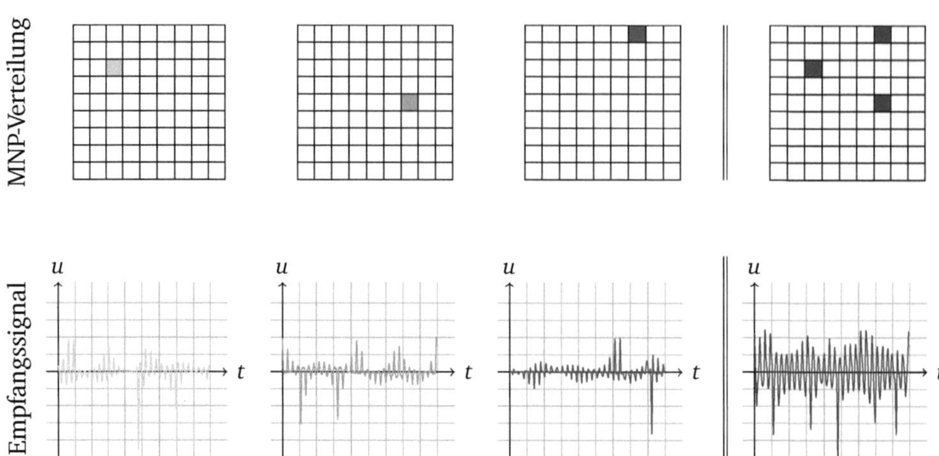

Abbildung 2.6: Die Summe der einzelnen Empfangssignale der voneinander unabhängigen Partikelverteilungen (linke Seite) entspricht dem Empfangssignal der kombinierten Partikelverteilung (rechte Seite).

Dieser lineare, kummulative Zusammenhang kann für die Bildrekonstruktion verwendet werden. Dazu werden Kalibriermessungen, die die Empfangssignale für Partikel an allen einzelnen Bildpunkten abbilden, durchgeführt und gespeichert. Die daraus resultierenden Spektraldaten $\hat{u}_k$ werden in einer Matrix $S \in \mathbb{C}^{R \times K}$, genannt Systemmatrix, angeordnet. Dabei bezeichnet K die zu speichernden Frequenzkomponenten und R die Anzahl der abzubildenden Ortspunkte. Das für eine Zeile der Systemmatrix zugrundeliegende Messsignal $u(t)$ wird als Systemfunktion[2] bezeichnet. Eine detaillierte Beschreibung der Möglichkeiten zur Erstellung einer Systemmatrix wird ausführlich in Kapitel 3 gegeben.

An dieser Stelle sei darauf hingewiesen, dass die Größe der Systemmatrix frei gewählt werden kann. Im Empfangssignal ist die Information über die Partikelverteilung im FOV enthaltend, wobei die Größe des FOVs durch die Auslenkung der Trajektorie definiert wird. Es ist demnach sinnvoll, die Systemmatrix mindestens im Bereich des FOVs zu ermitteln. Da auch Partikel nahe des FFPs, zum Beispiel am Rand der Trajektorie, eine messbare Magnetisierung erfahren, ist es empfehlenswert die Systemmatrix in einem größeren Bereich zu akquirieren. In Abbildung 2.7 wird der Zusammenhang zwischen FOV-Größe und Systemmatrixgröße visualisiert.

Liegt ein Empfangssignal $\hat{u} \in \mathbb{C}^K$ einer unbekannten Partikelverteilung c vor, so können durch Aufstellen des Gleichungssystems

---

[2]Der Begriff Systemfunktion wird in der MPI-bezogenen Literatur nicht konsistent verwendet. Sehr oft wird Systemfunktion als Synonym für Systemmatrix herangezogen. In dieser Arbeit repräsentiert eine Systemfunktion ausschließlich das Empfangssignal $u(t)$ einer einzelnen Systemmatrixmessung an einer Position r.

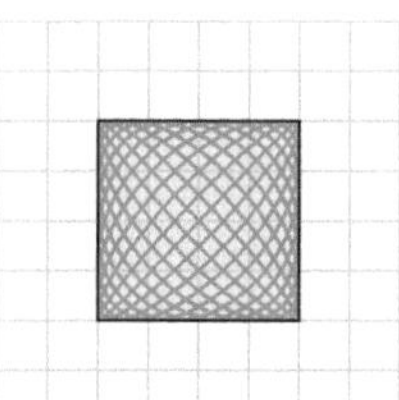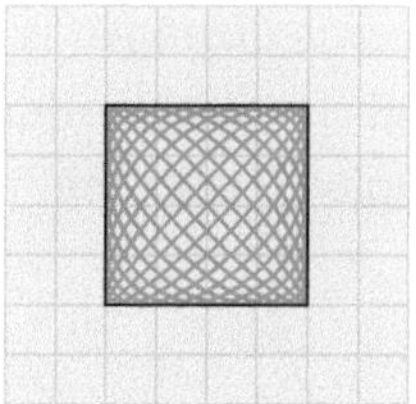

Abbildung 2.7: Die Ausdehnung des FOVs ist durch die Trajektorie definiert. Die Akquisition der Systemmatrix (orange Schraffierung) kann im Bereich des FOVs (links) oder darüber hinaus (rechts) erfolgen.

$$Sc = \hat{u} \tag{2.14}$$

die summierten Signale der einzelnen Ortspunkte im Empfangssignal rekonstruiert werden. Dabei wird der Rekonstruktionsbereich durch die in der zuvor erstellten Systemmatrix enthaltenen Ortspunkte $r \in \mathbb{R}$ definiert. Da MPI eine quantitative Bildgebungsmodalität ist, enthält der Vektor $c \in \mathbb{R}^R$ direkt die Partikelverteilung und -konzentration. Mit $c(r) = 0$ gilt, dass an Position r keine Partikel vorhanden sind. Ausgehend von einer Systemmatrixakquisition mit MNP der Konzentration c_0 entspricht $c(r) = 1$ der Konzentration c_0 an Position r und für $c(r) \in]0,1[$ handelt es sich um eine verdünnte Konzentration der MNP.

Um die Gleichung 2.14 nach c aufzulösen, wird in den meisten Fällen ein gewichtetes Kaczmarz-Verfahren in Verbindung mit einer Tikhonov-Regularisierung verwendet, weil das Gleichungssystem schlecht gestellt und das Empfangssignal rauschbehaftet ist [88]. Das zu lösende Gleichungssystem kann mit

$$\|Sc - \hat{u}\|_W^2 + \lambda \|c\|_2^2 \longrightarrow \underset{c}{\mathrm{argmin}} \tag{2.15}$$

beschrieben werden, wobei W eine Diagonalmatrix zur Energienormalisierung der Frequenzkomponenten ist [91]. Die Bestimmung des Regularisierungsparameters λ erfolgt typischerweise in erster Annäherung über die Frobeniusnorm der Systemmatrix und wird anschließend empirisch durch eine qualitative Auswahl des besten Rekonstruktionsergebnisses bestimmt [84].

Es ist anzumerken, dass bei einer mehrdimensionalen Anregung der MNP ein Spannungssignal in jede Anregungsrichtung empfangen werden kann. Da dies einen Informationsgewinn darstellt, sollte das Signal auch in der Bildrekonstruktion verwendet werden. Dazu können sowohl in der Systemmatrix als auch im empfangenen Spannungssignal die einzelnen Kanäle hintereinander geschrieben werden, sodass sich eine Änderung der Größe des Gleichungssystems mit $S \in \mathbb{C}^{R \times DK}$ und $\hat{u} \in \mathbb{C}^{DK}$ ergibt, wobei D die Anzahl der aufgezeichneten Empfangskanäle bezeichnet.

Unter gewissen Voraussetzungen ist auch eine direkte Rekonstruktion aus dem Empfangssignal u möglich. Eine ausführliche Beschreibung und Diskussion dieser Möglichkeit wird in Kapitel 3 gegeben.

2.3 Technische Aspekte der Signalverarbeitung

Die in dieser Arbeit vorgestellten Bildgebungskonzepte und Rekonstruktionsansätze sind unumgänglich im Kontext der Möglichkeiten der Hardware-Anpassung zu betrachten. Die für die Bildgebung erforderlichen dynamischen Magnetfelder werden durch Spulen erzeugt, die mit einem Wechselstrom durchflossen werden. Für die Akquisition des Empfangssignals werden ebenfalls Spulen eingesetzt, die das Signal detektieren. Die notwendigen elektrotechnischen Komponenten sind sehr auf die spezifischen Bildgebungssequenzen ausgelegt und können deshalb nicht ohne weiteres verändert werden [118]. Um die in den anschließenden Kapiteln vorgestellten Konzepte im praktischen Zusammenhang einordnen zu können, soll an dieser Stelle auf die wichtigsten Aspekte der Signalgenerierung und -akquisition eingegangen werden. Dabei stehen die signalverändernden Eigenschaften der Bauteile im Vordergrund, die die Praxistauglichkeit neuer konzeptioneller Ideen beeinflussen.

2.3.1 Signalgenerierung

Für die Signalgenerierung ist zunächst die Erzeugung eines FFPs notwendig, um die Ortskodierung zu ermöglichen. Dies kann zum Beispiel mit Hilfe von sich gegenüberliegenden Permanentmagneten oder Spulen realisiert werden. Die Permanentmagnete müssen so ausgerichtet sein, dass sich zwei gleiche Pole gegenüberliegen. Bei der Verwendung von Spulen wird in entgegengesetzte Richtung fließender Gleichstrom angelegt.

Bei der Erzeugung der Anregungsfelder ist die Reinheit der verwendeten Signale sehr entscheidend. Einerseits führen bereits leichte Signalveränderungen zu einer schlechten Signalzuordnung und somit Bildrekonstruktion. Andererseits ist die Qualität des Empfangssignals abhängig von den messbaren Harmonischen der Anregungsfrequenz.

Die Signalerzeugung der Anregungsfelder wird in aller Regel über Signalkarten, die in einem Computer integriert sind, durchgeführt. Dies entspricht einem Digital-Analog-Wandler, dessen Anzahl an Quantisierungsstufen sowie dessen Abtastrate erheblichen Einfluss auf die Signalqualität haben. Um die für die FFP-Bewegung notwendigen Stromstärken des Anregungsfeldes zu erzeugen, ist die anschließende Verstärkung des Signals durch einen rauscharmen Leistungsverstärker notwendig. Dabei werden vom ursprünglichen Signal Harmonische erzeugt, die durch einen geeigneten Bandpassfilter wieder entfernt werden müssen. Die Veränderung des Signals und dessen Spektrum durch die einzelnen Bauteile kann in Abbildung 2.8 nachvollzogen werden.

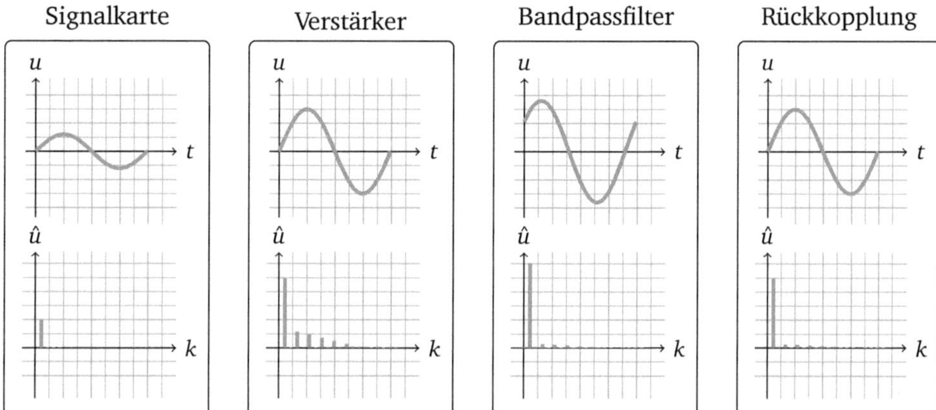

Abbildung 2.8: Das auf der Signalkarte erzeugte Anregungssignal muss mit einem Leistungsverstärker auf die erforderliche Spannung erhöht werden. Dadurch entstehen Harmonische, die mit einem Bandpassfilter entfernt werden müssen. Dabei kann es zu Amplituden- und Phasenverschiebungen kommen, die mittels einer Fehlerkorrektur, die durch die Rückkopplung des Signals ermöglicht wird, kompensiert werden können.

Die im Bandpassfilter verwendeten Bauteile führen zu einer Amplituden- und Phasenänderung des Signals, die unerwünscht sind. Insbesondere bei langen Messungen, wie beispielsweise der Akquisition einer Systemmatrix, führt die Erwärmung der Bauteile über die Zeit zu nichtdeterministischen Signalveränderungen. Deshalb ist die Verwendung einer Rückkopplungsstrecke erforderlich, die das tatsächlich am MPI-Gerät anliegende Signal liefert und so eine Korrektur auf dem signalerzeugenden Computer ermöglicht.

Des Weiteren lässt sich eine exakt orthogonale Ausrichtung der Anregungsspulen zueinander nicht bewerkstelligen. Dies hat zur Folge, dass bei einem dreidimensionalen MPI-Scanner das Anregungssignal eines Kanals in die beiden anderen Kanäle ein Signal einkoppelt und so die Trajektorie verzerrt. Dieser Effekt lässt sich durch eine Software-gestützte Entkopplung oder ein Entkoppelnetzwerk minimieren.

Aufgrund der beschriebenen notwendigen Bauteile, ist ein aufgebautes MPI-Gerät an die vorher festgelegten Frequenzen gebunden. Das bedeutet, dass eine beliebige Änderung der Frequenzen zur Anpassung der Bildgebungssequenz nicht möglich ist, ohne auch die entsprechende Hardware anzupassen.

2.3.2 Signalakquisition

Die durch die Anregungsfelder verursachte Remagnetisierung der MNP wird durch Signalinduktion in dedizierten Spulen detektiert [118]. Wie in Abschnitt 2.1.2 beschrieben, beinhaltet dieses Empfangssignal Harmonische der Grundfrequenz. Allerdings wird nicht nur das Partikelsignal, sondern auch das Anregungssignal selbst in den Empfangsspulen detektiert. Da das Anregungssignal etwa 120 dB größer ist als das Partikelsignal, muss es für eine Aufzeichnung des Partikelsignals mittels eines Bandstoppfilters aus dem Signal entfernt werden. Um das verbleibende Signal durch eine Akquisitionskarte aufnehmen zu können, ist eine Verstärkung des gefilterten Empfangssignals notwendig. Damit durch die Verstärkung kein zusätzliches Rauschen entsteht, muss ein rauscharmer Verstärker verwendet werden [118]. Dennoch wird durch die Bauteile zur Signalnachverarbeitung eine Änderung im Signal hervorgerufen. Diese lässt sich mit einer zuvor gemessenen Übertragungsfunktion korrigieren, die frequenzabhängig die Scanner-spezifischen Änderungen abbildet [88]. Die durch die Bauteile hervorgerufenen Signaländerungen sind in Abbildung 2.8 schematisch dargestellt.

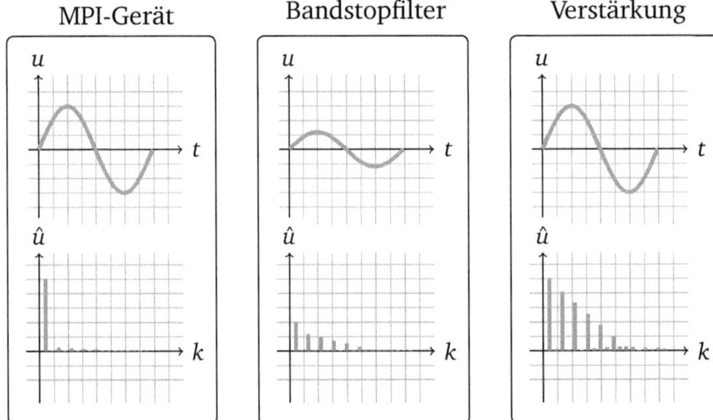

Abbildung 2.9: Das am MPI-Gerät anliegende Empfangssignal enthält sowohl das Partikelsignal als auch das Anregungssignal. Letzteres muss mit Hilfe eines Bandstoppfilters eliminiert werden. Anschließend ist eine Verstärkung des Signals notwendig, damit eine möglichst sensitive Datenakquisition auf einer Signalkarte möglich ist.

Das zur Rekonstruktion verwendete Empfangsspektrum enthält nach der Verarbeitung in den Hardware-Komponenten die Harmonischen und gegebenenfalls Zwischenfrequenzen der Anregung. Die Signalstärke fällt für höhere Ordnungen ab, sodass abhängig von der Güte des MPI-Systems die Harmonischen ab einer bestimmten Ordnung nicht mehr vom Rauschen zu unterscheiden sind [19].

Da die Anzahl der detektierten Harmonischen für eine gute Ortsauflösung wichtig ist, ist eine Verbesserung des SNRs entscheidend. Dies kann beispielsweise durch Mittelung mehrerer Messsignale oder durch die Entwicklung von sensitiven Empfangsspulen erfolgen [114, 127].

Durch die notwendige Filterung der Grundfrequenz entsteht ein Informationsverlust, der aufgrund der hohen Signalstärke in der Grundfrequenz zu einem schlechteren SNR führt. Um auch die Grundfrequenz für die Rekonstruktion zu nutzen, gibt es verschiedene Konzepte zur Gewinnung dieser Information, deren praktische Umsetzung stark vom verwendeten System abhängt [19,122].

Kapitel 3

Messsequenzen und Rekonstruktionsstrategien

Als im Jahr 2005 das Funktionsprinzip von MPI nachgewiesen wurde und das Potential dieser neuen Technologie abschätzbar war [68], galt es, die Entwicklung von Instrumentierung und Bildrekonstruktion voranzutreiben. Dabei stellt vor allem die Vergrößerung des FOVs eine Herausforderung dar. Für die Aufnahme der ersten MPI-Bilder wurde an vorher definierten Positionen ein statischer FFP erzeugt und mit einer Anregung überlagert, die eine geringe Auslenkung aufwies. Mit dieser Vorgehensweise wurden sowohl die Systemmatrix als auch die Spannungsdaten der Phantommessung aufgenommen. Dieses Verfahren ist sehr langsam bezüglich der Datenakquisition, weshalb bereits die Verwendung des Anregungsfeldes für die FFP-Bewegung vorgeschlagen [68] und in nachfolgenden Publikationen verwendet wurde [128, 131].

Allerdings lässt sich die Auslenkung mittels eines Anregungsfeldes nicht beliebig groß wählen, da mit steigender Amplitude die periphere Nervenstimulation und die spezifische Absorptionsrate zu medizinischen Komplikationen bei einem Patienten führen können. Weiterhin ist ein entscheidender Zeitfaktor bei MPI die Aufnahme der Systemmatrix, die abhängig von der Anzahl der Bildpunkte und der Messzeit pro Systemfunktion mehrere Stunden, Tage oder Wochen dauern kann [29]. Aufgrund der genannten Schwierigkeiten bezüglich MPI mit großer FOV-Abdeckung wurden verschiedene Strategien entwickelt, die sich durch Unterschiede in den Bildgebungssequenzen, der Bildrekonstruktion oder in beidem unterscheiden.

Dieses Kapitel gibt in Abschnitt 3.1 einen Überblick über die grundlegenden Unterschiede bei den bisher verwendeten Bildgebungssequenzen. Anschließend werden in Abschnitt 3.2 verschiedene Bildgebungsgleichungen für die Bildrekonstruktion unter Berücksichtigung der in Abschnitt 3.1 vorgestellten Sequenzen präsentiert.

3.1 Bildgebungssequenzen

Die örtliche Kodierung bei MPI erfolgt über das Selektionsfeld, welches entweder einen FFP oder eine FFL aufweist und statisch mit Gradientenfeldern erzeugt wird. Um das FOV zu kodieren, ist die Bewegung des Selektionsfeldes erforderlich. Eine schnelle Verschiebung ist nur durch elektromagnetische Veränderung der örtlichen Position des FFPs möglich. Deshalb ist ein naheliegender Ansatz, das Anregungsfeld für die Bewegung in alle drei Raumrichtungen zu verwenden, da es eine sich über die Zeit ändernde Magnetfeldstärke aufweist (vgl. Abschnitt 3.1.1). Die dafür erforderliche Erhöhung der Amplitude führt zu technischen Herausforderungen insbesondere bei der Kühlung der Spulen und unterliegt medizinischen Sicherheitswerten bezüglich der PNS und der SAR. Um dieses Problem zu umgehen, kann die Amplitude des Anregungsfeldes sehr klein gewählt und der FFP mit gleichbleibender Geschwindigkeit über das FOV bewegt werden (vgl. Abschnitt 3.1.2). Die Unterschiede dieser beiden FFP-Bewegungen werden im Folgenden präsentiert. Dabei wird auf die verschiedenen Anwendungsmöglichkeiten bei existierenden MPI-Systemen eingegangen. Es sei angemerkt, dass im weiteren Verlauf der Arbeit auch Kombinationsmöglichkeiten der beiden Bewegungsarten vorgestellt werden (vgl. Abschnitt 6.1.2).

3.1.1 FFP-Bewegung durch das Anregungsfeld

Eine praktikable und häufig realisierte elektromagnetische FFP-Bewegung wird durch die Verwendung der Anregungsfelder realisiert [70]. Wie in Gleichung 2.11 beschrieben, lässt sich durch Erhöhung der Anregungsamplitude die Auslenkung des FFPs erhöhen und somit eine Abdeckung des FOVs erreichen. Bei Verwendung von rein sinusförmigen Anregungsfeldern resultiert die FFP-Bewegung in einer Lissajous-Trajektorie. Allerdings lassen sich durch verschiedene Kombinationen von Sinus- und Kosinusanregungen auch andere Trajektorien generieren [85]. Bislang gilt bei dieser Art der FFP-Bewegung die Lissajous-Trajektorie als die optimale Bewegungsform. In Abbildung 3.1 sind exemplarisch zwei Trajektorien dargestellt, die durch Anwendung des Anregungsfeldes zur FFP-Bewegung entstehen.

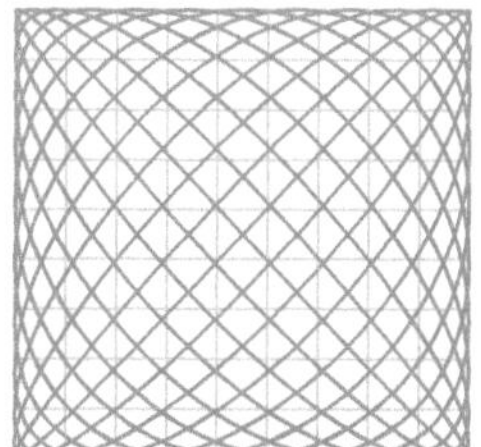

Abbildung 3.1: Lissajous-Trajektorie (links) und radiale Lissajous-Trajektorie (rechts) dargestellt mit einem Frequenzverhältnis von 12/13. Eine detaillierte Beschreibung zur Generierung der Trajektorien kann Abschnitt 6.2.3 entnommen werden.

Für eine mehrdimensionale Bewegung ist die Verwendung orthogonal zueinander ausgerichteter Anregungsfelder notwendig, die eine mehrdimensionale Anregung der Partikel nach sich ziehen. Dies wird für die in Abschnitt 3.2 vorgestellten Rekonstruktionsmethoden ein wichtiger Aspekt sein.

Die Geschwindigkeit der FFP-Bewegung lässt sich durch die Wahl der Anregungsfrequenzen beeinflussen. Generell gilt, je höher die Frequenz, desto schneller lässt sich das FOV mit der Trajektorie abtasten. Allerdings ist das Verhältnis von Anregungsfrequenz zu Amplitude durch die PNS beschränkt. Dadurch ist eine schnelle Bildgebung mit dieser Methode nur für kleine FOV-Größen möglich. Ausgewählte Lösungsansätze zur Vergrößerung des FOVs werden in Kapitel 6 diskutiert.

Diese Art der FFP-Bewegung wird bei MPI-Scannern immer dann realisiert, wenn die angezielte medizinische Applikation eine hohe zeitliche Auflösung der rekonstruierten Partikelverteilung erfordert [57, 65, 70, 116, 117, 131].

3.1.2 Lineare FFP-Bewegung

Für eine funktionierende Bildgebung mit MPI ist lediglich ein Anregungsfeld notwendig, das mit einer kleinen Amplitude betrieben werden kann. Die FFP-Bewegung kann in diesem Fall unabhängig von der Anregung entweder über eine Objektbewegung oder zusätzliche Magnetfelder durchgeführt werden. Die einzige Möglichkeit einer elektromagnetischen Bewegung des FFPs ohne zusätzliche Partikelanregung besteht in der Verwendung über die Zeit langsamer, linear ansteigender homogener Felder. Folglich entsteht eine lineare FFP-Bewegung, die beispielhaft in Abbildung 3.2 dargestellt ist. Alternativ kann die Bewegung auch über eine zusätzliche Sinusanregung mit sehr kleiner Frequenz realisiert werden. Dies entspricht der in [85] vorgestellten kartesischen Trajektorie.

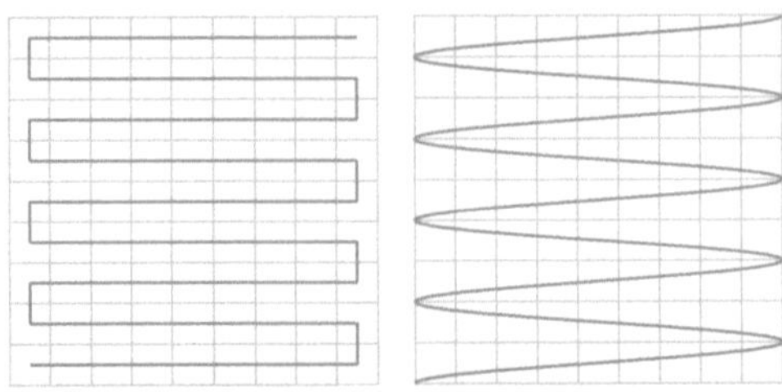

Abbildung 3.2: Trajektorie entstehend durch stückweise lineare Bewegung in beide Raumrichtungen (links) im Vergleich zu einer technisch einfach realisierbaren Trajektorie mit niederfrequenter sinusoidaler Bewegung in eine Raumrichtung (rechts).

Im Vergleich zu Abschnitt 3.1.1 werden die Partikel ausschließlich in eine Raumrichtung angeregt, da die verbleibenden Felder oder die manuelle Bewegung so langsam sind, dass keine zusätzliche Anregung der Partikel erfolgt. Weiterhin sind keine Probleme bezüglich der PNS und der SAR zu erwarten, da die hochfrequenten Magnetfelder mit einer geringen Amplitude verwendet werden.

Die Ausdehnung des FOVs orientiert sich, ähnlich wie bei der angegebenen Formel für die Lissajous-Trajektorie (vgl. Gleichung 2.11), an den über die Zeit maximal anliegenden Amplituden in Abhängigkeit von der Gradientfeldstärke in die drei Raumrichtungen.

Bisher entwickelte Scanner mit linearer FFP-Bewegung realisieren diese Bewegung elektromagnetisch [124] oder mechanisch [74]. Allerdings werden für eine Abdeckung eines mehrdimensionalen FOVs mehrere Sekunden benötigt, wodurch diese Scanner derzeit nicht für eine Echtzeitbildgebung geeignet sind.

3.2 Rekonstruktionsstrategien

Die ersten publizierten MPI-Bilder wurden mit einer gemessenen Systemmatrix (vgl. Abschnitt 2.2) rekonstruiert [68, 69, 116, 131], deren Messzeit insbesondere für große FOV-Größen mit hoher örtlicher Auflösung praktisch kaum umzusetzen ist. Deshalb wurden verschiedene Möglichkeit eruiert, die Messzeit der Systemmatrix zu reduzieren oder gänzlich durch ein Modell nachzubilden. Parallel dazu wurde ein Rekonstruktionsansatz entwickelt, der auf eine Systemmatrix verzichtet und eine direkte Überführung des Spannungssignals in eine Partikelkonzentration erlaubt [71].

In Abbildung 3.3 wird ein hierarchischer Überblick der derzeit publizierten Rekonstruktionsstrategien gegeben, der zwischen messbasierten und modellbasierten Verfahren unterscheidet. Im Folgenden sollen diese Rekonstruktionsstrategien vorgestellt werden. Dabei wird auf die Eigenschaften eingegangen, die eine zugrundeliegende Bildgebungssequenz zur erfolgreichen Anwendung der Methode erfüllen muss.

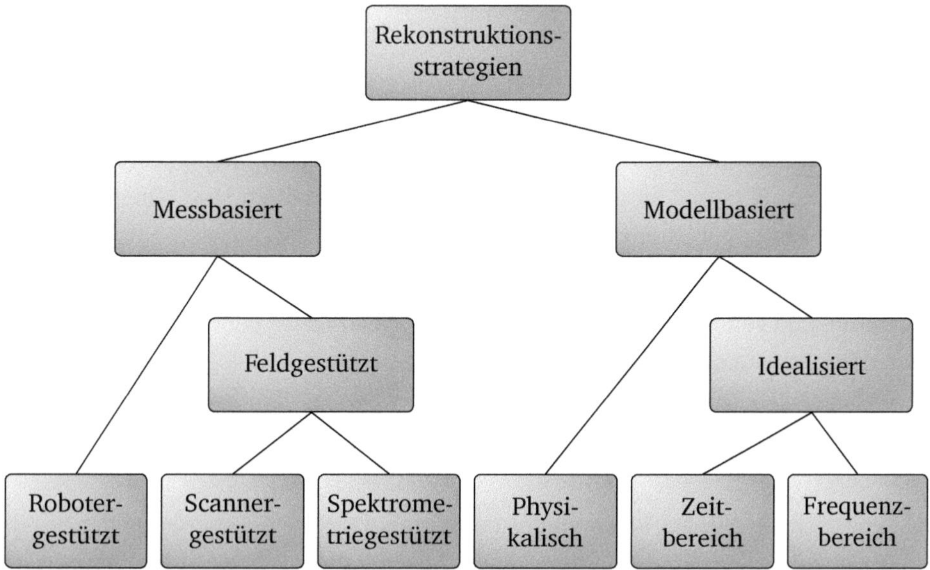

Abbildung 3.3: Hierarchische Übersicht verschiedener Strategien zur Bildrekonstruktion bei der Bildgebung mit MPI.

3.2.1 Messbasierte Rekonstruktion

Der Ansatz der messbasierten Rekonstruktion beruht darauf, alle Unbekannten, die durch den Bau des Systems und die verwendeten Partikel möglicherweise bestehen, durch eine geeignete Kalibriermessung zu bestimmen. Diese Messung wird in der in Abschnitt 2.2 beschriebenen Systemmatrix gespeichert und für die Bildrekonstruktion genutzt. Dadurch lassen sich Einflüsse unbekannter Inhomogenitäten im Anregungsfeld und Nichtlinearitäten im Selektionsfeld sowie Fehler bei den anliegenden Strömen nahezu beheben. Es können ebenso konstante Rauscheinflüsse mit einbezogen werden. Des Weiteren ist das Verhalten der MNP in einem hochfrequenten Wechselfeld bisher unzureichend bekannt, sodass eine Vorhersage der Magnetisierung kaum möglich ist [130]. Bei Vermessung der Systemmatrix sind diese Charakteristika ebenfalls im Rekonstruktionsprozess enthalten.

Um ein MPI-System zu kalibrieren, ist eine Referenzmessung an jedem Ortspunkt des FOVs notwendig. Im Folgenden sollen drei Möglichkeiten vorgestellt werden, die eine Vermessung des gesamten Systems ermöglichen.

3.2.1.1 Robotergestützte Rekonstruktion

Bei der robotergestützten Bildrekonstruktion wird zur Erstellung der Systemmatrix ein definiertes Volumen des zu verwendenden Tracers, häufig Punktprobe genannt, mit Hilfe eines Roboters an alle Positionen des FOVs gefahren [68]. Die Größe der Punktprobe kann applikationsspezifisch gewählt werden.

Ist die Punktprobe an Position r, so wird die Bildgebungssequenz durchlaufen, die Systemfunktion gemessen und das resultierende Spektrum an der entsprechenden Position der Systemmatrix gespeichert:

$$S_k(r) = \frac{\hat{u}_k}{c_0 \Delta V}. \tag{3.1}$$

Dabei bezeichnet ΔV das Volumen der Punktprobe, welches idealerweise der Voxel-Größe entspricht, und c_0 die Konzentration des enthaltenen Tracers. Weiterhin wird durch $k \in \mathbb{N}$ die betrachtete Frequenzkomponente kennzeichnet.

Bei der Wahl des Volumens der Punktprobe muss ein Kompromiss zwischen der Diskretisierung des FOVs und des SNRs bei Messung einer Systemfunktion gefunden werden. Je kleiner die Punktprobe gewählt wird, desto höher ist die theoretisch erreichbare örtliche Auflösung. Im Gegensatz dazu führt eine größere Punktprobe zu einem verbesserten SNR bei der Messung der einzelnen Systemfunktionen, was sich wiederum in der Signalqualität und demnach in der Bildrekonstruktion widerspiegelt. Eine SNR-Steigerung lässt sich außerdem durch die Mittelung mehrerer Perioden realisieren, welche wiederum zu einer erhöhten Aufnahmezeit führt.

Da das gesamte FOV mit Hilfe eines Roboters abgefahren werden muss, ist diese Kalibrationsmethode sehr zeitaufwändig. Eine realistische Abschätzung anhand bisher publizierter Messdaten wird in Abschnitt 4.3 diskutiert.

3.2.1.2 Feldgestütze Rekonstruktion

Um die lange Messzeit, die bei der robotergestützten Erstellung der Systemmatrix notwendig ist, zu reduzieren und gleichzeitig die Genauigkeit der Kalibrierung durch Messung beizubehalten, wurden zwei Verfahren vorgeschlagen. Beide ersetzen die Bewegung des Roboters indem sie die örtliche Korrelation von Punktprobe zu FOV mit Hilfe von Magnetfeldern emulieren. Die Partikelmagnetisierung wird gemessen, um die komplexen Eigenschaften, wie beispielsweise die Relaxationszeit eines Partikels, im Signal zu kodieren.

Da die Partikelmagnetisierung nur indirekt vom Ort abhängt (vgl. Gleichung 2.2), lässt sich die Verschiebung einer Punktprobe durch Änderung der örtlichen Eigenschaften des Selektionsfeldes $H^S(r)$ emulieren. Um dies zu erreichen, können zwei Ansätze verfolgt werden: die Scanner-gestützte und die spektrometriegestützte Erstellung einer Systemmatrix. Im Folgenden werden die beiden Konzepte vorgestellt.

Scanner-gestützt

Da die örtliche Abhängigkeit einer Punktprobenmessung durch die örtliche Inhomogenität des Selektionsfeldes zustande kommt, ist es naheliegend, statt der Punktprobe das Selektionsfeld zu verschieben [79]. Dies lässt sich über eine elektromagnetische Manipulation realisieren, bei der homogene Magnetfelder zur Verschiebung des FFPs und somit der Trajektorie genutzt werden. Dabei wird der FFP für jeden Bildpunkt des FOVs so verschoben, dass die örtliche Korrelation von Trajektorie und Punktprobe wie in einer robotergestützten Messung vorliegt. Die Punktprobe verbleibt während aller Systemfunktionsmessungen in der Mitte des Scanners. In Abbildung 3.4 ist dies für eine exemplarische Punktprobenposition dargestellt.

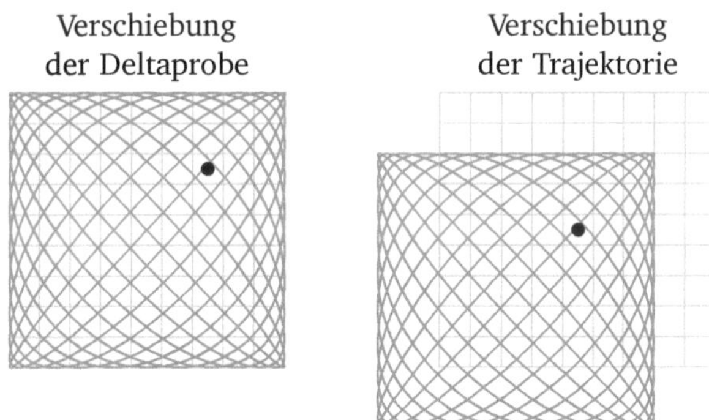

Abbildung 3.4: Exemplarische Systemfunktionsmessung für eine Position mit der roboterbasierten Methode, die eine Verschiebung der Punktprobe vorsieht (links), und der Scanner-gestützten Feldverschiebung, die eine Verschiebung der Trajektorie realisiert (rechts). Bei der Scanner-gestützten Vermessung des FOVs verbleibt die Punktprobe für jede Messung im Zentrum des Scanners.

Dieses Verfahren ermöglicht es, die Kalibrierung mit dem Scanner durchzuführen, der für die spätere Bildgebung verwendet werden soll. Dadurch sind in der Systemmatrixerstellung die Scanner-spezifischen Eigenschaften enthalten, die beispielsweise durch Fertigungstoleranzen und Elektronikrauschen entstehen. Da die Punktprobe für alle Messungen in der Mitte des Scanners platziert wird, können spezielle Empfangsspulen dicht an diese Position gebracht werden, um so das SNR zu erhöhen. Dies kann wiederum zur Messzeitverringerung genutzt werden. Allerdings müssen Inhomogenitäten in den Sensitivitätsprofilen der Spulen nachträglich im Empfangssignal korrigiert werden.

Damit das Verfahren funktioniert, müssen die Anregungsfelder eine hohe Homogenität und das Selektionsfeld eine hohe Linearität aufweisen. Andernfalls würde eine Verschiebung zu einer Deformation der Trajektorie führen, die nur bedingt ausgeglichen werden kann [79]. Des Weiteren muss der Scanner auf die zusätzlich benötigte Leistung ausgelegt sein, sodass insbesondere eine ausreichende Kühlung gewährleistet ist.

Spektrometriegestützt

Die Position einer Punktprobe hat entscheidenden Einfluss darauf, welche zeitliche Abfolge der Magnetfeldsequenz auf die Partikelprobe wirkt. Dies ist durch die örtliche Inhomogenität des Selektionsfeldes zu erklären. Das heißt, dass beispielsweise an der Position im Zentrum des Selektionsfeldes zunächst eine Feldstärke von 0 Am^{-1} vorliegt, wohingegen Positionen am Rand des FOVs einer hohen Feldstärke ausgesetzt sind. Dadurch ergeben sich für einzelne Systemfunktionen unterschiedliche Zeitverläufe, da der FFP zu unterschiedlichen Zeitpunkten auf die Probe trifft und somit der Signalintensitätsverlauf bei unterschiedlichen Probenpositionen variiert.

Diesen Aspekt kann man für die Messung einer Systemmatrix ausnutzen, denn für die Messung einer einzelnen Systemfunktion ist lediglich die Magnetfeldstärke an dieser Position für die Signalerzeugung verantwortlich, sodass ein Gradientenfeld für eine Kalibrierung mit definierten Punktprobenpositionen nicht benötigt wird. Deshalb kann ein Magnet-Partikel-Spektrometer (MPS) herangezogen werden, um das Partikelsignal einer Punktprobe zu emulieren [23, 28]. Dazu wird eine Anregung der Partikel im MPS mit der im Scanner zu Beginn vorliegenden Magnetfeldstärke überlagert und das korrespondierende Systemfunktionssignal gemessen. Die Probe kann für die Messung aller Systemfunktionen im MPS verbleiben. Dies wird in Abbildung 3.5 verdeutlicht. Eine ausführliche Evaluierung dieses Verfahrens wird in Kapitel 5 durchgeführt und diskutiert.

Der Nachteil dieses Verfahrens liegt in der Verwendung eines zusätzlichen Gerätes, sodass Scanner-spezifische Ungenauigkeiten nur bedingt in der Kalibrierung enthalten sind und Störeinflüsse des MPS die Qualität der Systemmatrix möglicherweise beeinflussen. Andererseits bietet ein MPS die Möglichkeit, durch dicht an der Messkammer angebrachter Spulen das SNR zu erhöhen. Weiterhin ist es denkbar, Kalibriermessungen ausschließlich Scanner-unabhängig durchzuführen und durch anschließende Korrektur mit der Übertragungsfunktion Scanner-spezifisch einzusetzen.

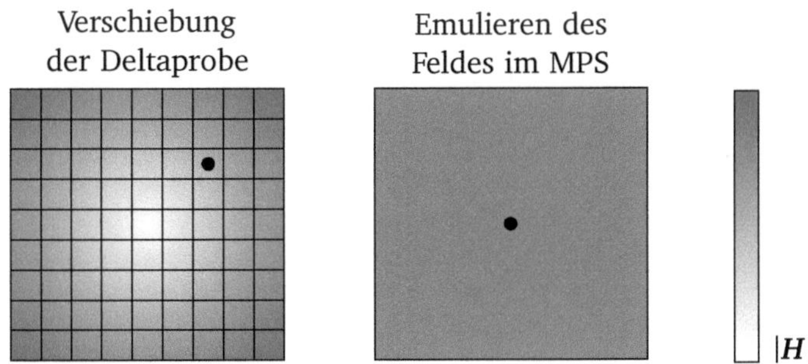

Abbildung 3.5: Eine Verschiebung der Punktprobe führt zu einer zeitlichen Verschiebung der auf die Probe einwirkenden Magnetfeldsequenz. Der Zeitverlauf der Magnetfeldsequenz kann mit Hilfe eines MPS emuliert werden, indem der initiale Wert der Magnetfeldsequenz mit der Anregung überlagert wird.

Da Nichtlinearitäten des Selektionsfeldes mit dem MPS emuliert werden können, eignet sich das spektrometriegestützte Verfahren für spezielle Spulenkonzepte deutlich besser als das Scanner-gestützte Verfahren.

3.2.2 Modellbasierte Rekonstruktion

Eine Möglichkeit, die zeitaufwändige Kalibrierung durch den messbasierten Ansatz zu kompensieren, ist die Verwendung geeigneter Modelle zur Beschreibung eines MPI-Systems. Dabei können einerseits physikalische Modelle, die ein System möglichst genau beschreiben, oder mathematische Modelle, die eine Systembeschreibung unter idealisierten Annahmen liefern, herangezogen werden. Im Vordergrund steht dabei, mit möglichst geringem Rechenaufwand gute Bildrekonstruktionsergebnisse zu erzielen.

Zunächst wird ein Modell vorgestellt, das die Feldgeometrie realistisch abbildet und die Möglichkeit zur Verwendung verschiedener Partikelmodelle zur Verfügung stellt. Anschließend werden zwei Verfahren auf Basis idealer Annahmen vorgestellt.

3.2.2.1 Physikalisches Modell

Es gibt bei MPI zwei entscheidende Faktoren, die das Empfangssignal prägen: die Magnetfeldsequenz und die Partikelmagnetisierung. Um eine realistische Simulation eines MPI-Gerätes durchführen zu können, ist demnach ein physikalisches Modell für diese beiden Größen zu finden. Damit kann die aufwändige Messung einer Systemmatrix ersetzt werden. Ein solcher Ansatz wurde von Knopp et al. verfolgt und soll im Folgenden näher beschrieben werden [87, 92].

Die magnetische Feldstärke in Abhängigkeit vom Ort r und der Zeit t lässt sich durch

$$H^{\text{S\&A}}(r, t) = I(t)\sigma^{\text{Tx}}(r) \tag{3.2}$$

berechnen. Dabei entspricht $\sigma^{\text{Tx}}(r)$ der summierten Sensitivität über alle feldgenerierenden Spulen und $I(t)$ der zeitlichen Änderung des summierten Stroms aller feldgenerierenden Spulen. Die Spulensensitivität gibt abhängig vom Ort r an, welche Feldstärke bei einem angelegtem Einheitsstrom ($I = 1\,\text{A}$) von der Spule erzeugt wird. Die Herleitung der Gleichung 3.2 kann mit Hilfe des Biot-Savart-Gesetzes gezeigt werden [88].

Mit Gleichung 3.2 lassen sich die ortsabhängigen Feldeigenschaften bei der Geometrieänderung einer Spule mit Hilfe der Spulensensitivität abbilden. Zusätzlich ist der zeitliche Verlauf bedingt durch die oszillierenden Anregungsfelder integriert, sodass eine Simulation der Feldsequenz erfolgen kann.

Der zweite zu simulierende Parameter ist die Partikelmagnetisierung. Unter der Annahme, dass die Partikel keine nennenswerte Anisotropie oder Relaxation aufweisen, kann von einer Ausrichtung der Magnetisierung ausgegangen werden, die keine Zeit benötigt. Dies macht eine Simulation der orts- und zeitabhängigen Magnetisierung $M(r, t)$ durch die in Abschnitt 2.1.1 beschriebene Langevin-Funktion möglich. Die Magnetisierung wird somit, wie in den Gleichungen 2.2 und 2.4 angegeben, berechnet, wobei die Magnetfelder durch Gleichung 3.2 beschrieben werden können.

Da das Messsignal nicht die Magnetisierung selbst, sondern die daraus resultierende induzierte Spannung ist, kann für die Beschreibung des Empfangssignals das Reziprozitätsgesetz [82] verwendet werden

$$u(t) = -\mu_0 \int_\Omega \frac{\partial}{\partial t} M(r, t)\sigma^{\text{Rx}}(r)\,\mathrm{d}^3 r. \tag{3.3}$$

Das Reziprozitätsgesetz besagt, dass die Empfangssensitivität einer Spule dem Feld entspricht, dass bei anliegendem Einheitsstrom von der Spule erzeugt wird.

Um Gleichung 3.3 für eine Simulation der Systemmatrix zu nutzen, ist die Überführung in den Fourier-Raum erforderlich

$$\hat{u}_k = -\frac{\mu_0}{T} \int_\Omega \int_0^T \frac{\partial}{\partial t} M(r, t)\sigma^{\text{Rx}}(r)\,\mathrm{e}^{\frac{-2\pi i k t}{T}}\,\mathrm{d}t\mathrm{d}^3 r, \tag{3.4}$$

wobei $\sigma^{\mathrm{Rx}}(r)$ die summierte Sensitivität aller Empfangsspulen bezeichnet. Weiterhin kann die Magnetisierung als Produkt der Partikelkonzentration und des magnetischen Moments der Partikel dargestellt werden (vgl. Gleichung 2.1), sodass

$$\hat{u}_k = -\frac{\mu_0}{T} \int_\Omega \int_0^T \frac{\partial}{\partial t} \overline{m}(r,t) c(r) \sigma^{\mathrm{Rx}}(r) \, \mathrm{e}^{\frac{-2\pi i k t}{T}} \, \mathrm{d}t \mathrm{d}^3 r \tag{3.5}$$

gilt. Daraus folgt für einen Eintrag der Systemmatrix

$$S_k(r) = -\frac{\mu_0}{T} \int_0^T \frac{\partial}{\partial t} \overline{m}(r,t) \sigma^{\mathrm{Rx}}(r) \, \mathrm{e}^{\frac{-2\pi i k t}{T}} \, \mathrm{d}t. \tag{3.6}$$

Anschließend lässt sich aufgrund des Zusammenhangs

$$\hat{u}_k = \int_\Omega S_k(r) c(r) \mathrm{d}^3 r, \tag{3.7}$$

die Systemmatrix, wie in Abschnitt 2.2 beschrieben, zur Bildrekonstruktion verwenden.

Das bisher betrachtete Modell vernachlässigt gänzlich den Einfluss von Rauschen. In [128] wurde ein Rauschmodell vorgeschlagen, das anhand einer Widerstandsmessung das Rauschen in Abhängigkeit der Frequenz berechnet.

3.2.2.2 Idealisiertes Modell

Trotz der Möglichkeit, die Systemmatrix realitätsnah zu simulieren, ist eine Bildrekonstruktion mittels Systemmatrix bei MPI nicht optimal. Das Lösen des mit der Systemmatrix aufgestellten Gleichungssystems, wie in Abschnitt 2.2 beschrieben, benötigt selbst bei effizienter Programmierung und der Verwendung von Hochleistungsrechnern deutlich mehr Zeit, als für die Messung des Signals eines Zeitfensters benötigt wird. Somit verhindert die Rekonstruktion bei der zeitlich hochaufgelösten MPI-Bildgebung eine direkte Darstellung der Bildinformation mit derselben zeitlichen Auflösung. Deshalb gibt es Bestrebungen, ein mathematisches Modell zu finden, das eine direkte Rekonstruktion des gemessenen Spannungssignals ermöglicht. Dazu ist es nötig, einige Annahmen zu treffen. Zum einen wird vorausgesetzt, dass die verwendeten Magnetfelder ideal sind, das heißt, die Anregungsfelder homogen verlaufen und das Gradientenfeld einen linearen Verlauf hat. Zum anderen werden physikalische Eigenschaften der Partikel bezüglich Anisotropie und Relaxation vernachlässigt.

Im Folgenden werden zwei ideale Modelle vorgestellt, wobei eines die Daten im Frequenzraum und das andere die Daten im Zeitbereich betrachtet. Zur übersichtlichen Darstellung der Formeln wird für beide Modelle lediglich der eindimensionale Bildgebungsfall betrachtet, sodass für alle mathematischen Größen ohne Beschränkung der Allgemeinheit gilt, dass sie skalar vorliegen. In Abschnitt 4.2 werden die beiden Modelle hinsichtlich ihrer mathematischen Unterschiede untersucht und deren Erweiterung auf den mehrdimensionalen Anwendungsfall diskutiert.

Frequenzbereich

Aufgrund der nichtlinearen Magnetisierung der Partikel werden Harmonische der Anregungsfrequenz erzeugt und gemessen (vgl. Abschnitt 2.1). Wird die Systemmatrix einer sinusförmigen FFP-Bewegung für einzelne Frequenzkomponenten über den Ort aufgetragen, fällt auf, dass sich in Abhängigkeit der Frequenzkomponente ein Wellenmuster ausbildet. Das heißt die Stärke einzelner Harmonischer ist stark ortsabhängig. Im Jahr 2009 wurde auf dieser Grundlage eine Ähnlichkeit zwischen einer MPI-Systemmatrix und Chebyshev-Polynomen zweiten Grades vorgestellt [106].

Werden das Anregungsfeld mit $H^{\mathrm{A}}(t) = A_x \cos(2\pi f_x t)$ und das Selektionsfeld mit $H^{\mathrm{S}}(x) = G_x x$ als ideal angenommen, kann die Systemmatrix, wie in [106] beschreiben, durch

$$S_k(x) = -\frac{-2\mathrm{i}\mu_0 \sigma^{\mathrm{Rx}}(x)}{T}\left(\overline{m}'(x,t) * \sin\left(k \arccos\left(\frac{G_x}{A_x}x\right)\right)\right), \qquad (3.8)$$

dargestellt werden.

Des Weiteren gilt für Chebyshev-Polynome zweiten Grades:

$$U_k(x) = \frac{\sin((k+1)\arccos(x))}{\sin(\arccos(x))}. \qquad (3.9)$$

Durch Substitution des Anregungsfeldes in Gleichung 3.8 mit der Definition der Chebyshev-Polynome aus Gleichung 3.9 lässt sich die Systemmatrix mit

$$S_k(x) = -\frac{-2\mathrm{i}\mu_0 \sigma^{\mathrm{Rx}}(x)}{T}\left(\overline{m}'(x,t) * \left(U_{k-1}\left(\frac{G_x}{A_x}x\right)\sqrt{1-\left(\frac{G_x}{A_x}x\right)^2}\right)\right) \qquad (3.10)$$

beschreiben. Damit ergibt sich

$$\tilde{c}(x) = c(x) * \overline{m}'(x,t) = \frac{\mathrm{i}T}{\pi\mu_0\sigma^{\mathrm{Rx}}A_x}\sum_{k=1}^{\infty} U_{k-1}\left(\frac{G_x}{A_x}x\right)\hat{u}_k, \qquad (3.11)$$

sodass eine direkte Rekonstruktion der mit der Magnetisierung gefalteten Partikelkonzentration $\tilde{c}(x)$ für jede Position ohne explizite Erstellung einer Systemmatrix möglich ist. Folglich kann die Partikelkonzentration $c(x)$ durch eine geeignete Entfaltung erhalten werden.

Für mehrdimensionale Anregungsfeldsequenzen konnte eine Ähnlichkeit zu Tensorprodukten von Chebyshev-Polynomen zweiter Art gezeigt werden [106, 107]. Die Darstellung der Systemmatrix durch Chebyshev-Polynome ist allerdings nur möglich, wenn eine rein sinusförmige Bewegung des FFPs vorliegt. Bei anderen Bildgebungssequenzen, wie beispielsweise der radialen Trajektorie (vgl. Abschnitt 6.2.3), entstehen andere Muster. Dies wird in Abbildung 3.6 am Beispiel einer Frequenzkomponente verdeutlicht.

Lissajous-Trajektorie   Radiale Trajektorie

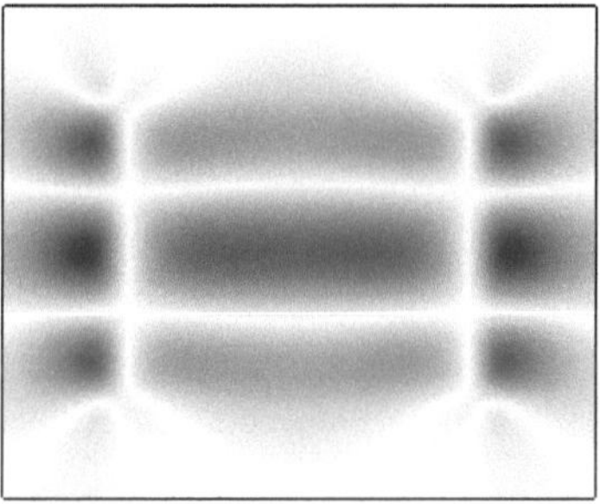 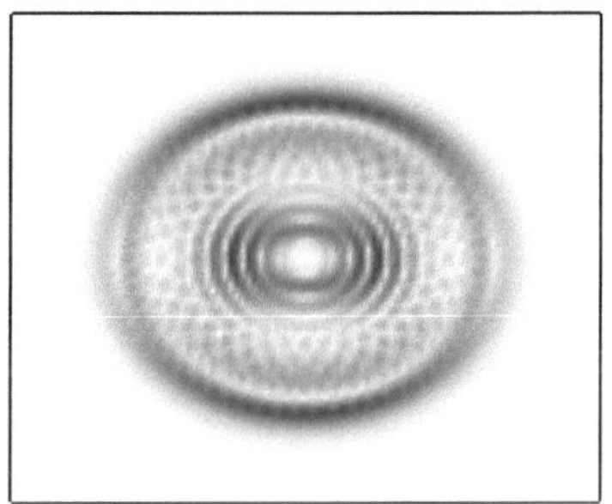

Abbildung 3.6: Bei der Verwendung einer Lissajous-Trajektorie kann eine Ähnlichkeit der Systemmatrix zu Tensorprodukten von Chebyshev-Polynomen gezeigt werden. Im Vergleich dazu wird bei der Systemmatrix bei Verwendung einer radialen Trajektorie deutlich, dass andere und insbesondere komplexere Muster auftreten. Für beide Trajektorien ist die fünfte Harmonische der Anregungsfrequenz in x-Richtung im gesamten zweidimensionalen FOV gezeigt.

Zeitbereich

Das zugrundeliegende Prinzip bei MPI ermöglicht eine quantitative Messung des Partikelsignals, das heißt anhand der Signalstärke lässt sich die vorliegende Partikelkonzentration ablesen (vgl. Abschnitt 2.1.2). Demnach ist es denkbar, dass eine direkte Rekonstruktion der Partikelkonzentration aus dem gemessenen Spannungssignal möglich ist. 2010 wurde ein idealisiertes, mathematisches Modell basierend auf dieser Annahme veröffentlicht [71, 121]. Dabei ist insbesondere wichtig, die Korrelation zwischen dem zeitabhängigen Spannungssignal und dem Bildraum zu kennen, damit eine Zuordnung des Messsignals im FOV möglich ist.

Ausgehend von Gleichung 3.3 lässt sich das zeitabhängige Spannungssignal durch

$$u(t) = -\mu_0 \int_\Omega \frac{\partial}{\partial t} \overline{m}(x,t) c(x) \sigma^{\mathrm{Rx}}(x)\, \mathrm{d}x \tag{3.12}$$

$$= -\mu_0 \int_\Omega \overline{m}'(x,t) \dot{H}^{\mathrm{S\&A}}(x,t) c(x) \sigma^{\mathrm{Rx}}(x)\, \mathrm{d}x \tag{3.13}$$

beschreiben. Unter der Annahme, dass die Empfangsspulensensitivität sowie die Anregungsfelder homogen sind, lässt sich das Modell zu

$$u(t) = -\mu_0 \sigma^{\mathrm{Rx}} \dot{H}^{\mathrm{A}}(t) \int_\Omega \overline{m}'(x,t) c(x)\, \mathrm{d}x \tag{3.14}$$

vereinfachen. Analog zu Gleichung 3.11 kann das Integral durch die gefaltete Partikelkonzentration ersetzt werden

$$u(t) = -\mu_0 \sigma^{\mathrm{Rx}} \dot{H}^{\mathrm{A}}(t) \tilde{c}(x), \tag{3.15}$$

sodass eine direkte Rekonstruktionsvorschrift für die mit der Magnetisierung gefaltete Partikelkonzentration

$$\tilde{c}(x) = \frac{u(t)}{-\mu_0 \sigma^{\mathrm{Rx}} \dot{H}^{\mathrm{A}}(t)} \tag{3.16}$$

folgt. Dabei sind μ_0 und σ^{Rx} konstant und $\dot{H}^{\mathrm{A}}(t)$ die FFP-Geschwindigkeit zum Zeitpunkt t, die zur Normierung des Spannungssignals notwendig ist.

Um aus dem Spannungssignal direkt eine Partikelkonzentration ableiten zu können, muss eine Zuordnung für alle Zeitpunkte t zu den Ortspunkten x bekannt sein. Diese Zuordnung hängt von der verwendeten Bildgebungssequenz ab und wird durch die Transformation $\tau : x \to t$ beschrieben. Demnach ergibt sich aus Gleichung 3.16

$$\tilde{c}(x) = \frac{u(\tau(x))}{-\mu_0 \sigma^{\mathrm{Rx}} \dot{H}^{\mathrm{A}}(\tau(x))}. \tag{3.17}$$

Analog zum idealisierten Modell im Frequenzraum lässt sich die Partikelkonzentration $c(x)$ aus $\tilde{c}(x)$ durch eine geeignete Entfaltung berechnen.

Der Vorteil dieses Modells ist die einfache Anwendung, da bei einer hohen Feldqualität, die sich durch hohe Homogenität bei den Anregungsfeldern und Linearität beim Selektionsfeld auszeichnet, die exakte Bildgebungssequenz und damit $\tau(x)$ und $\dot{H}^{\mathrm{A}}(\tau(x))$ bekannt sind. Im Umkehrschluss bedeutet dies, dass Ungenauigkeiten in der Sequenz zu Bildartefakten und im schlimmsten Fall zur falschen Zuordnung zwischen Ort und Zeit führen. Des Weiteren ist bei Feldinhomogenitäten eine Simulation der Sequenz analog zu Abschnitt 3.2.2.1 möglich, sodass für alternative Spulenkonzepte, wie einem Single-Sided-Scanner [116], die Anwendung des idealisierten Modells ermöglicht wird.

Kapitel 4

Vergleichsstudie der Rekonstruktionsmethoden

Bisher veröffentlichte MPI-Bilder zeigen zum Teil große Unterschiede in der Bildqualität, der Aufnahmedauer und im Rekonstruktionsaufwand, oft bedingt durch die verwendete Bildgebungssequenz und Rekonstruktionsstrategie. Daher ist es wichtig, bei einem Vergleich die verschiedenen Voraussetzungen zu berücksichtigen und die Rekonstruktionsstrategie insbesondere in Hinblick auf die Bildgebungssequenzen zu evaluieren. In diesem Kapitel werden verschiedene Aspekte der MPI-Bildrekonstruktion diskutiert und verglichen.

Zunächst sollen in dieser Studie die zu erwartenden Empfangssignale der Sequenzen, die in Abschnitt 3.1 vorgestellt wurden, untersucht, verglichen und deren Eignung für die verschiedenen Rekonstruktionsstrategien diskutiert werden.

Anschließend wird ein mathematischer Vergleich für die beiden idealisierten Modelle durchgeführt, um deren Ähnlichkeit in Hinblick auf die verwendete Bildgebungssequenz zu zeigen.

Ein entscheidender Faktor bei einem Bildgebungsverfahren ist der Zeitaufwand bei der Bildakquisition und -rekonstruktion. Die Faktoren, die bei MPI eine Rolle spielen, werden zunächst separat betrachtet und anschließend diskutiert.

Des Weiteren wird unter Berücksichtigung der Bildsequenzen ein Vergleich der entstehenden Bildrekonstruktion präsentiert. Dazu wird eine separate Betrachtung einer ein- und mehrdimensionalen Anregung vorgenommen und an gemessenen Datensätzen evaluiert.

Abschließend wird diskutiert, unter welchen Voraussetzungen die einzelnen Rekonstruktionsmethoden geeignet sind, wobei deren individuelle Vor- und Nachteile herausgearbeitet werden.

4.1 Vergleich der Empfangssignale

Bei der Wahl der Rekonstruktionsstrategie spielt die zugrundeliegende Bildgebungssequenz eine signifikante Rolle (vgl. Abschnitt 3.1). Dies liegt insbesondere darin begründet, dass der Signalverlauf vom zeitlichen FFP-Verlauf abhängt [16]. Betrachtet man die Zeitsignale einer eindimensionalen Systemmatrix, wie in Abbildung 4.1 dargestellt, wird deutlich, dass die Signalintensität und -ausbreitung von der FFP-Bewegung abhängt. Wird die FFP-Bewegung über Anregungsfelder gesteuert, weist die Geschwindigkeit aufgetragen über die Zeit einen sinusoidalen Verlauf auf. Das bedeutet, dass der FFP am Rand des FOVs eine langsamere Geschwindigkeit aufweist als im Zentrum des FOVs. In den Umkehrpunkten der Trajektorie, die vorliegen, wenn das sinusförmige Anregungssignal die betragsmäßig maximale Amplitude erreicht, ist die Geschwindigkeit $0\,\mathrm{ms}^{-1}$. Daraus folgt, dass die Zeit, in der die MNP im Einflussbereich des FFPs liegen, von der Position der MNP abhängt, was wiederum zur Folge hat, dass das Empfangen des Spannungssignals in einem größeren Zeitintervall erfolgt. Des Weiteren ist der Geschwindigkeitsverlauf klar in der Signalintensität der einzelnen Punktproben zu erkennen. Im Gegensatz dazu weist die lineare FFP-Bewegung eine konstante Geschwindigkeit des FFPs auf. Dadurch gibt es keine Variation der Breite des Spannungssignals und dessen Amplitude für Proben an unterschiedlichen Positionen. Bei Normierung der Signale mit der FFP-Geschwindigkeit sind die Signalverläufe bei sinusoidaler und linearer Bewegung identisch.

Ein weiterer wichtiger Aspekt, der bei der Wahl der Rekonstruktionsstrategie beachtet werden muss, ist die zeitliche Zuordnung zwischen dem Signal und dem Ort. In Abschnitt 3.2.2.2 wurde die Funktion τ eingeführt, die diese Zuordnung mathematisch beschreibt. Der Vergleich der Empfangssignale in Abbildung 4.1 zeigt insbesondere bei Punktproben am Rand deutliche Unterschiede zwischen den beiden FFP-Bewegungsarten in Bezug auf die örtliche Korrelation des empfangenen Zeitsignals.

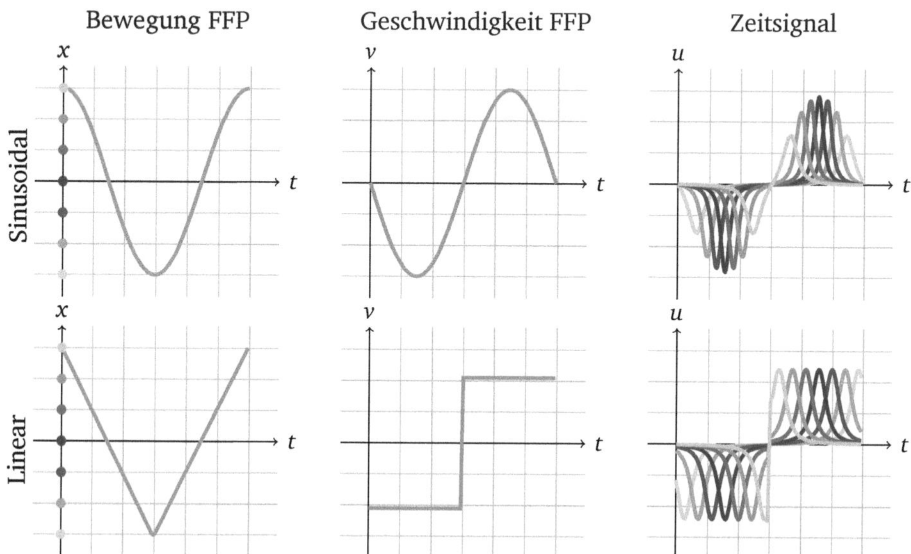

Abbildung 4.1: Zeitsignal der Punktproben bei Aufnahme einer Systemmatrix für eine lineare und sinusoidale FFP-Bewegung in x-Richtung. Die Anregung der Partikel erfolgt in orthogonaler Richtung zur Bewegung. Die Kombination aus Richtung und Geschwindigkeit der FFP-Bewegung lässt sich als Einhüllende bei der Betrachtung der Zeitsignale erkennen.

Neben der Betrachtung des Zeitsignals, ist auch eine Untersuchung der daraus resultierenden Spektren erforderlich. Bei der Rekonstruktion mit Hilfe einer Systemmatrix, ist eine eineindeutige Zuordnung des Spektrums einer Punktprobe zu einem Ortspunkt notwendig. Weisen mehrere Ortspunkte das gleiche Spektrum auf, lässt sich keine eindeutige örtliche Zuordnung vornehmen. In Abbildung 4.2 sind die Spektren ausgewählter Ortspunkte, die zu den Zeitdaten in Abbildung 4.1 korrespondieren, dargestellt. Dabei wird deutlich, dass die Spektren bei sinusoidaler FFP-Bewegung eine ortsspezifische Ausprägung aufweisen, wohingegen die Spektren unterschiedlicher Punktprobenpositionen bei linearer FFP-Bewegung nahezu identisch sind.

Es ist anzumerken, dass die beschriebenen Zusammenhänge in der Praxis durch nichtideale Magnetfelder abweichen. Demnach kann auch bei einer linearen FFP-Bewegung eine Unterscheidung von Ortspunkten bei der Bildrekonstruktion möglich sein. Außerdem kann der Geschwindigkeitsverlauf durch Nichtlinearitäten im Selektionsfeld verändert werden. So ist beispielsweise bei einem Single-Sided-Scanner [116] der Geschwindigkeitsverlauf in Abhängigkeit der Inhomogenität des Selektionsfeldes verzerrt. Dies äußert sich darin, dass die Geschwindigkeit nicht mehr durch eine Sinusfunktion beschrieben werden kann, sondern für jede Position anhand von Simulationen bestimmt werden muss.

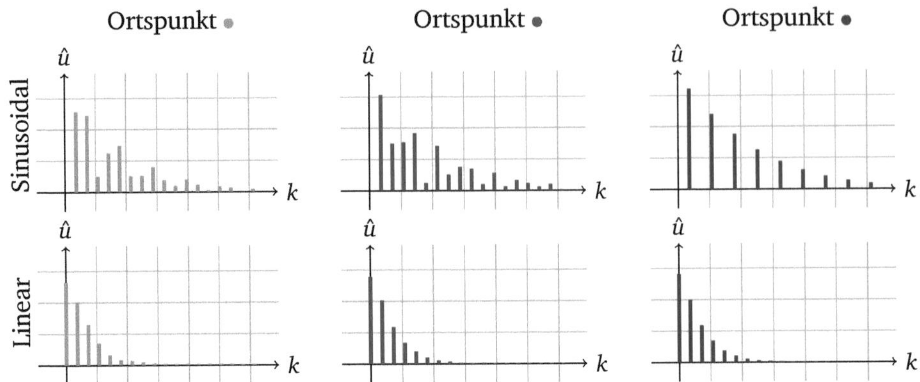

Abbildung 4.2: Die Frequenzspektren einzelner Punktproben, wie sie beispielsweise bei der Messung einer Systemmatrix vorliegen, weisen je nach Bewegungsart des FFPs Unterschiede auf. Bei sinusoidaler Bewegung sind die Spektren unterscheidbar. Eine lineare Bewegung hat zur Folge, dass die Spektren für jede Punktprobenposition nahezu identisch sind.

Bei einer mehrdimensionalen Anregung, wie sie beispielsweise bei einer Lissajous-Trajektorie auftritt, besteht das Spektrum zusätzlich zu den reinen Harmonischen der Anregungsfrequenzen auch aus daraus resultierenden Mischfrequenzen [107].

4.2 Vergleich der idealisierten Modelle

Da die idealisierten Modelle aus Abschnitt 3.2.2.2 beide auf den gleichen Grundannahmen basieren, ist die Analyse der mathematischen Zusammenhänge erstrebenswert. Da für das Modell im Frequenzbereich aufgrund der Ähnlichkeit zu den Chebyshev-Polynomen nur bestimmte Sequenzen in Frage kommen, soll im Folgenden für das Modell im Zeitbereich die gleiche Bildgebungssequenz vorausgesetzt werden. Es gilt demnach, dass $H^{\mathrm{A}}(t) = A_x \cos(2\pi f_x t)$ und $H^{\mathrm{S}}(x) = G_x x$. Daraus ergibt sich für die Transformation τ, zur Zuordnung von Zeitpunkt zu Ortspunkt,

$$\tau(x) = \frac{1}{2\pi f_x} \arccos\left(\frac{G_x}{A_x} x\right), \tag{4.1}$$

da aufgrund der sinusoidalen Bewegung mittels Anregungsfeld die örtliche Position x bestimmt wird durch

$$x = \frac{H^{\mathrm{A}}(t)}{G_x} = \frac{A_x}{G_x} \cos(2\pi f_x t). \tag{4.2}$$

Für die sequenzunabhängige Gleichung 3.17 ergibt sich demnach

$$\tilde{c}(x) = \frac{u\left(\frac{1}{2\pi f_x} \arccos\left(\frac{G_x}{A_x}x\right)\right)}{-\mu_0 \sigma^{\mathrm{Rx}} \dot{H}^{\mathrm{A}}\left(\frac{1}{2\pi f_x} \arccos\left(\frac{G_x}{A_x}x\right)\right)}. \tag{4.3}$$

Ein offensichtlicher Unterschied zwischen den beiden idealisierten Modellen besteht in der Wahl des mathematischen Raumes, sodass eine Transformation vom Zeit- in den Frequenzbereich notwendig ist. Da das induzierte Spannungssignal $\hat{u}_k$ reellwertig und ungerade ist, kann

$$u(t) = \sum_{k=-\infty}^{\infty} \hat{u}_k \mathrm{e}^{\frac{2\pi i k t}{T}} \Leftrightarrow \sum_{k=1}^{\infty} 2\mathrm{i}\hat{u}_k \sin\left(\frac{2\pi k t}{T}\right) \tag{4.4}$$

als rein imaginäre Fourier-Reihe angenommen werden. Mit Hilfe von Gleichung 4.4 lässt sich durch Transformation der Chebyshev-basierten Rekonstruktion in den Zeitbereich sowie durch geeignete Umformung zeigen, dass

$$\tilde{c}(x) = \frac{\mathrm{i}T}{\pi \mu_0 \sigma^{\mathrm{Rx}} A_x} \sum_{k=1}^{\infty} U_{k-1}\left(\frac{G_x}{A_x}x\right)\hat{u}_k \tag{4.5}$$

$$= \frac{2\mathrm{i}T}{2\pi \mu_0 \sigma^{\mathrm{Rx}} A_x} \sum_{k=1}^{\infty} \frac{\hat{u}_k \sin\left(k \arccos\left(\frac{G_x}{A_x}x\right)\right)}{\sin\left(\arccos\left(\frac{G_x}{A_x}x\right)\right)} \tag{4.6}$$

$$= \frac{T}{2\pi \mu_0 \sigma^{\mathrm{Rx}} A_x} \frac{u\left(\frac{1}{2\pi f_x} \arccos\left(\frac{G_x}{A_x}x\right)\right)}{\sin\left(\arccos\left(\frac{G_x}{A_x}x\right)\right)} \tag{4.7}$$

$$= \frac{u\left(\frac{1}{2\pi f_x} \arccos\left(\frac{G_x}{A_x}x\right)\right)}{-\mu_0 \sigma^{\mathrm{Rx}} \dot{H}^{\mathrm{A}}\left(\frac{1}{2\pi f_x} \arccos\left(\frac{G_x}{A_x}x\right)\right)}, \tag{4.8}$$

wobei Gleichung 4.5 der Rekonstruktion im Frequenzbereich und Gleichung 4.8 der Rekonstruktion im Zeitbereich entspricht. Damit konnte die mathematische Gleichheit der beiden Verfahren bewiesen werden [2, 29].

Ein wesentlicher Unterschied zwischen den beiden Modellen kann bei der numerischen Betrachtung festgestellt werden. Im Zeitbereich ist die Bestimmung der Transformation τ zwingend notwendig. Dies wird insbesondere schwierig, wenn die Anregungs- und Selektionsfelder durch Inhomogenitäten und Nichtlinearitäten deformierte Trajektorien erzeugen, die nur schwer analytisch dargestellt werden können. Des Weiteren führt die äquitemporale Signalakquisition bei einer sinusförmigen FFP-Bewegung zu einer nicht äquidistant verteilten örtlichen Verteilung der Abtastpunkte, sodass für eine Rekonstruktion in allen Bildpunkten Interpolationsverfahren notwendig werden. Außerdem muss die Singularität $\dot{H}^A\left(\frac{1}{2\pi f_x}\arccos\left(\frac{G_x}{A_x}x\right)\right) = 0$ bei der Geschwindigkeitsnormierung bei beiden Rekonstruktionsstrategien gesondert behandelt werden.

Im Frequenzbereich werden die bisher benannten Probleme indirekt durch die Transformation des Messsignals in den Fourierraum gelöst. Da dieser Schritt auch bei einer potentiellen Korrektur mit der Übertragungsfunktion (vgl. 2.3.2) vorgenommen werden muss, entsteht kein Mehraufwand. Allerdings ist klar hervorzuheben, dass die Struktur auf Basis der Chebyshev-Polynome nur vorliegt, wenn eine sinusförmige FFP-Bewegung erfolgt. Eine Entwicklung neuer Sequenzen erfordert eine Bestimmung passender Basispolynome. Weiterhin werden bei einer Rekonstruktion von Messdaten nicht alle Frequenzkomponenten verwendet. Abhängig vom SNR werden Frequenzkomponenten nach Festlegung eines Schwellwertes für die Rekonstruktion ausgewählt [107]. Dies führt zu einem Informationsverlust, der bei der Rekonstruktion im Zeitbereich nicht vorliegt.

Beim Vergleich der Zeitkomplexität der Modelle schneidet das Zeitbereichsmodell mit $\mathcal{O}(R)$ arithmetischen Operationen etwas besser ab als das Frequenzmodell, welches $\mathcal{O}(R\log R)$ Operationen benötigt. Bei Anwendung einer Bildentfaltung benötigen beide Modelle $\mathcal{O}(R\log R)$ Operationen.

Da beide Verfahren die komplexen Charakteristika der MNP nicht abbilden können, die bei einer mehrdimensionalen Anregung zum Tragen kommen, eignen sie sich primär für die Rekonstruktion von Daten, die mit einer eindimensionalen Anregung aufgenommen werden (vgl. Abschnitt 3.1.2). Für eine Erweiterung auf mehrere Anregungssignale ist eine Integration eines mehrdimensionalen zeitvariablen Faltungskernes notwendig, der die Krümmung der FFP-Bahn berücksichtigt und das daraus resultierende Partikelsignal extrahiert. Diese Problematik lässt sich bei Verwendung der Chebyshev-Polynome zur Darstellung einer Systemmatrix besonders gut erkennen. Für den eindimensionalen Fall konnte eine mathematische Repräsentation erarbeitet werden. Dahingegen wurde für den zweidimensionalen Fall bisher keine hinreichend genaue mathematische Repräsentation gefunden. Lediglich die Ähnlichkeit zu Tensorprodukten von Chebyshev-Polynomen konnte nachgewiesen werden [107].

4.3 Vergleich des Zeitaufwands

Ein großer Vorteil bei MPI ist die potentiell sehr hohe zeitliche Auflösung, die eine Abbildung von Bewegungsprozessen im Körper ermöglicht. Allerdings ist für verschiedene medizinische Applikationen, wie zum Beispiel die Visualisierung von Kathetern [78], eine schnelle Bildrekonstruktion der aufgenommen Daten ebenso entscheidend. Des Weiteren spielt auch die Vorbereitung für eine Bildrekonstruktion eine wichtige Rolle, da im klinischen Einsatz aufwändige Kalibrierungen und Rekonstruktionsvorbereitungen zu einer eingeschränkten Patientenversorgung führen können. Deshalb sollen im Folgenden der Zeitaufwand einerseits für die Erstellung einer unter Umständen benötigten Systemmatrix und andererseits für die reine Rekonstruktionszeit der Daten abgeschätzt werden.

Für einen anschaulichen Vergleich wird im Folgenden bei allen Methoden von einem dreidimensionalen FOV $\Omega \in \mathbb{R}^3$ ausgegangen, das in jeder Dimension in 64 Ortspunkte diskretisiert ist. Damit ergibt sich eine Voxel-Anzahl von $R = 64^3 = 262144$ für das gesamte FOV. Es sei angemerkt, dass es sich im Vergleich zu etablierten Bildgebungsverfahren um eine geringe Anzahl an zu rekonstruierenden Bildpunkten handelt. Es ist zu erwarten, dass mit für MPI zugeschnittenen Partikeln eine Auflösung von 1 mm oder weniger möglich ist [128], was wiederum eine hohe Diskretisierung erfordert. Dennoch stellt das gewählte Beispiel eine realistische Diskretisierung unter Verwendung derzeit aufgebauter MPI-Scanner dar [65, 70, 116]. Die Ergebnisse bezüglich des zeitlichen Aufwandes für die einzelnen Methoden sind zur vergleichenden Übersicht in Tabelle 4.1 zusammengefasst.

Tabelle 4.1: Für ein beispielhaftes FOV der Größe $R = 64^3$ kann für die verschiedenen Rekonstruktionsmethoden annäherungsweise der Zeitaufwand für die Erstellung einer Systemmatrix und für die eigentliche Bildrekonstruktion, abhängig vom notwendigen mathematischen Lösungsverfahren, angegeben werden.

Rekonstruktionsmethode	Zeitbedarf zur Erstellung der Systemmatrix	Zeitbedarf der Bildrekonstruktion
Robotergestützt	≈ 3 Tage	$\mathcal{O}(R^2)$ Lösen des
Feldgestützt	≈ 3 Stunden	Gleichungssystems
Physikalisches Modell	≈ 4 Minuten	$Sc = \hat{u}$
Idealisiertes Modell	keiner	$\mathcal{O}(R \log R)$ direkte Lösung

4.3.1 Erstellung der Systemmatrix

Bei der robotergestützten Vermessung des FOVs (vgl. Abschnitt 3.2.1.1) gibt es zwei Faktoren, die die notwendige Messzeit beeinflussen: die durchschnittliche Fahrzeit des Roboters pro Voxel T^{rob} und die benötigte Zeit für die Signalaufnahme T^{mess}. Damit ergibt sich für die Erstellung der Systemmatrix eine Kalibriergesamtzeit von $T^{\mathrm{kalib}} = R(T^{\mathrm{mess}} + T^{\mathrm{rob}})$. Die Zeit T^{rob} ist stark abhängig von der Geschwindigkeit und der Reihenfolge der Abtastung durch den Roboter. Sie wird typischerweise so groß gewählt, dass ein Einfluss der Bewegung der Probe durch den Roboter auf das Messsignal ausgeschlossen werden kann. Eine Angabe der Fahrzeit T^{rob} wird in Veröffentlichungen häufig nicht angegeben. Für eine Abschätzung kann deshalb lediglich auf [107] und die in dieser Arbeit verwendeten Experimente verwiesen werden, bei denen $T^{\text{rob}} \approx 0,5\,$s beträgt. Um ein hohes SNR zu erhalten und damit die Bildrekonstruktion positiv zu beeinflussen, wird die Signalaufnahme an den Voxel-Positionen über mehrere Messzyklen gemittelt. Dadurch ergibt sich eine Messzeit T^{mess} abhängig von der Repetitionszeit der Trajektorie und der Anzahl der Mittelungen. In [107] wurde $T^{\text{mess}} \approx 0,5\,$s analog zu T^{rob} gewählt und wird deshalb als Abschätzung herangezogen. Mit den getroffenen Annahmen lässt sich für das gewählte Beispiel eine Kalibrationszeit von $T^{\text{kalib}} = 64^3(0,5\,\text{s} + 0,5\,\text{s}\,) \approx 3\,$Tagen bestimmen. Aufgrund des hohen Aufwandes für eine Systemmatrixmessung wurde vorgeschlagen nur einen Teil der Systemmatrix zu messen und anschließend mit Algorithmen des Compressed Sensing die fehlenden Einträge zu bestimmen [93]. Der daraus resultierende Zeitgewinn ist für eine praktikable Kalibrierzeit bereits sehr vielversprechend.

Die Erstellung der Systemmatrix bei den beiden vorgestellten feldgestützten Methoden (vgl. Abschnitt 3.2.1.1) beruht auf der Idee, die Genauigkeit der Messungen bei der Kalibrierung beizubehalten und gleichzeitig, durch das Einsparen der Roboterbewegung, einen Zeitgewinn zu erhalten. Demnach ergibt sich für die Kalibrierung ein Zeitbedarf von $T^{\text{kalib}} = R \cdot T^{\text{mess}}$. Liegen die beiden Parameter T^{rob} und T^{mess} in der gleichen Größenordnung, kann man mit den feldgestützten Methoden eine Erstellung der Systemmatrix im Vergleich zur robotergestützten Methode in der Hälfte der Zeit erreichen. Allerdings werden, abhängig von der verwendeten Feldemulation, spezielle Kalibrierempfangsspulen für die Messung der Systemmatrix verwendet, die eine erhöhte Sensitivität zur Folge haben [80]. Dadurch lässt sich die Messzeit T^{mess} stark reduzieren. Die Experimente in dieser Arbeit wurden mit $T^{\text{mess}} = 0,04\,$s durchgeführt (vgl. Kapitel 5), wodurch sich für das hier verwendete Beispiel eine Gesamtkalibrierungszeit von $T^{\text{kalib}} = 64^3 \cdot 0,04\,\text{s} \approx 3\,$Stunden ergibt.

Bei der modellbasierten Rekonstruktion (vgl. Abschnitt 3.2.2.1), die eine realitätsnahe Simulationen der Feldgeometrien beinhaltet, ist die Erstellung der Systemmatrix abhängig von der Effizienz der implementierten Simulation sowie der Rechenleistung des verwendeten Computers. Ausgehend von einer Simulationszeit $T^{\text{sim}} = 1\,$ms pro Pixel erhält man eine Gesamtsimulationszeit von $T^{\text{kalib}} = R \cdot T^{\text{sim}} = 64^3 \cdot 1\,\text{ms} \approx 4,4\,$min. Wenn das verwendete Partikelmodell zeitunabhängig ist, lässt sich die Berechnung zusätzlich parallelisieren. Dahingegen würde die Integration komplexer Partikelmodelle zu einer erhöhten Simulationszeit führen.

Bei Verwendung der modellbasierten Ansätze ausgehend von idealen Feldgeometrien ist eine Erstellung der Systemmatrix nicht notwendig, da eine direkte Rekonstruktionsvorschrift angegeben werden kann.

4.3.2 Bildrekonstruktion

Derzeit gibt es bei der Bildgebung mit MPI zwei Grundprinzipien, die zur Bildrekonstruktion verwendet werden.

Die erste Möglichkeit basiert auf einer zuvor erstellten Systemmatrix durch Messung oder Simulation. Aus den gemessenen Bilddaten eines Einzelbildes und der Systemmatrix wird ein lineares Gleichungssystem aufgestellt, das es zu lösen gilt (vgl. Abschnitt 2.2). Hierbei kann auf Methoden der Linearen Algebra zurückgegriffen werden, die in direkte und indirekte Lösungsverfahren unterschieden werden. In [84] werden als direktes Verfahren die Singulärwertzerlegung mit den indirekten Verfahren der konjugierten Gradienten [81] und der Kaczmarz-Methode [83] verglichen. Die indirekten Verfahren sind mit $\mathcal{O}(R^2)$ Operationen deutlich schneller als die direkten Verfahren mit $\mathcal{O}(R^3)$ Operationen. Da beim Kaczmarz-Verfahren eine positive und reelle Lösung innerhalb einer Iteration erzwungen werden kann, was die physikalischen Gegebenheiten bei MPI nachbildet, wird dieses in der Praxis häufig verwendet [91,128]. Die Rekonstruktion mit einer Systemmatrix lässt sich auf beliebige Sequenzen anwenden, ist jedoch sehr langsam, wenn viele Bildpunkte rekonstruiert werden sollen. Um die Rekonstruktion zu beschleunigen, wurde erfolgreich untersucht, ob es eine mathematische Transformation gibt, die eine spärliche Repräsentation der Daten erlaubt und für eine Reduktion der Größe des Gleichungssystems genutzt werden kann [94,95].

Die zweite Möglichkeit zur Bildrekonstruktion wird mit den idealisierten Modellen umgesetzt. Diese ermöglichen eine direkte Rekonstruktion der Bildinformation aus dem gemessenen Spannungssignal. Da jedoch für beide Modelle bisher lediglich eine eindimensionale Formulierung für das Anregungssignal aufgestellt werden konnte, ist die mehrdimensionale Bildgebung nur mit einer langsamen, linearen FFP-Bewegung möglich, was eine lange Aufnahmezeit zur Folge hat. Der Vorteil besteht klar darin, dass die Rekonstruktion mit anschließender Entfaltung lediglich $\mathcal{O}(R \log R)$ arithmetische Operationen benötigt. Verzichtet man auf die Entfaltung auf Kosten der Bildqualität ist eine Rekonstruktion mit $\mathcal{O}(R)$ Operationen möglich.

4.4 Vergleich der Bildqualität

Für die medizinische Diagnostik ist die Bildqualität von großer Bedeutung. Dabei spielen zwei Aspekte eine vordergründige Rolle: die erreichbare Auflösung und die korrekte Abbildung des Objektes.

Die Auflösung lässt sich unterteilen in die zeitliche und örtliche Auflösung. Zu diagnostischen Zwecken, wie zum Beispiel bei der Quantifizierung von Gefäßverengungen, ist es oft notwendig kleine Strukturen abzubilden. Bei der Beobachtung physiologischer Prozesse, wie etwa der Blutflussquantifizierung, wird eine hohe Bildrate benötigt. Bei MPI ist es notwendig einen applikationsspezifischen Kompromiss zwischen örtlicher und zeitlicher Auflösung zu wählen.

Bei der Rekonstruktion ist es weiterhin notwendig, das Objekt korrekt abzubilden ohne Artefakte zu erzeugen. Bei der Diagnose anhand von Bilddaten ist es entscheidend, dass in der Rekonstruktion Unsicherheiten vermieden und Fehler möglichst ausgeschlossen werden.

Um im Folgenden eine Aussage über die Bildqualität bei Verwendung verschiedener MPI-Rekonstruktionsstrategien treffen zu können, wird eine getrennte Betrachtung von ein- und zweidimensionalen Daten vorgenommen. Dies liegt insbesondere darin begründet, dass bestimmte Verfahren derzeit nur bei eindimensionaler Anregung von Partikeln anwendbar sind.

4.4.1 Bildrekonstruktion bei eindimensionaler Anregung

Für einen umfassenden Vergleich der Bildqualität aller in dieser Arbeit vorgestellten Rekonstruktionsstrategien werden im Folgenden drei 1D-Datensätze betrachtet. Es sei an dieser Stelle jedoch angemerkt, dass auch bei eindimensionaler Anregung eine mehrdimensionale Bildgebung möglich ist [74]. Für eine übersichtliche Darstellung wird sich auf einzelne 1D-Sequenzen beschränkt.

Die Messungen wurden mit statischen Phantomen durchgeführt. Alle Phantome besitzen zylindrische Öffnungen von 4 mm Länge, die mit dem Tracer Resovist gefüllt sind. Resovist weist im unverdünnten Zustand eine Eisenkonzentration von $500\ \mathrm{mmol(Fe)l^{-1}}$ auf. Phantom A besteht aus zwei Zylindern des Durchmessers 3 mm, die einen Abstand von 11 mm haben. Beide Zylinder sind mit unverdünntem Resovist gefüllt. Phantom B besteht aus drei Zylindern des Durchmessers 2 mm, die jeweils 8 mm Abstand zueinander haben. Die äußeren Zylinder sind mit unverdünntem Resovist befüllt. Der mittlere Zylinder enthält eine Verdünnung von 1:1 (Verdünnung mit demineralisiertem Wasser). Phantom C besteht aus einem einzelnen Zylinder mit einem Durchmesser von 2 mm, befüllt mit unverdünntem Resovist. Da eine exakte Positionierung der Phantome im FOV sehr schwierig ist, wurde die Positionierung für die Visualisierung im Ergebnisteil empirisch vorgenommen. Eine Visualisierung aller Phantome ist in Abbildung 4.3 zu sehen.

Im Folgenden werden zunächst die Messparameter erläutert. Anschließend werden Vor- und Nachverarbeitungsschritte zur Messsignalkorrektur beschrieben, die für die Rekonstruktion verwendet wurden. Abschließend wird eine Ergebnisbetrachtung und -diskussion durchgeführt.

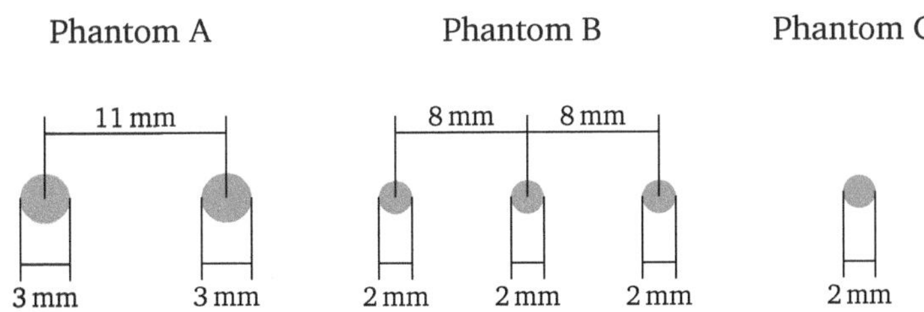

Abbildung 4.3: Illustration der Phantome, die bei der eindimensionalen Bildgebung verwendet wurden.

4.4.1.1 Messparameter

Die Experimente wurden mit einem präklinischen MPI-Scanner (Bruker Biospin MRI GmbH, Ettlingen, Deutschland [65]) durchgeführt.

Die Bildgebungssequenz wurde mit einer Gradientenstärke von $1\,\mathrm{Tm^{-1}}$, einer Anregungsfeldstärke von $14\,\mathrm{mT}$, einer Anregungsfrequenz von $25{,}252\,\mathrm{kHz}$ und einen kosinusförmigen Anregungssignal definiert. Die daraus resultierende FOV-Größe beträgt $28\,\mathrm{mm}$.

Die zugehörige messbasierte Systemmatrix wurde an 100 äquidistanten Punkten im Bereich von $40\,\mathrm{mm}$ aufgenommen. Die kubische Punktprobe, gefüllt mit unverdünntem Resovist, hat eine Größe von $2{\times}2{\times}2\,\mathrm{mm^3}$ und beinhaltet somit $8\,\mu\mathrm{l}$.

Die modellbasierte Systemmatrix wurde ebenfalls an 100 Positionen simuliert. Dabei wurden ideale Magnetfelder angenommen. Die Partikel wurden unter Zuhilfenahme der Langevin-Funktion simuliert, wobei von einer Partikelgröße von $30\,\mathrm{nm}$ ausgegangen wurde.

Für die Aufnahme der hybriden Systemmatrix stand lediglich ein MPS mit einer Anregungsfrequenz von $25\,\mathrm{kHz}$ zur Verfügung [54], wodurch eine Differenz von $252\,\mathrm{Hz}$ zur Anregungsfrequenz des Scanners vorliegt. Die Spezifikation der Messparameter wurde auf Basis der modellbasierten Systemmatrix festgelegt und ebenfalls für 100 Positionen durchgeführt.

4.4.1.2 Messsignalkorrekturen

Die in Kapitel 3 vorgestellten Rekonstruktionsstrategien basieren auf sehr unterschiedlichen, zum Teil vereinfachten, physikalischen Annahmen. Weiterhin führt die technisch notwendige Signalfilterung zu Informationsverlust. Diese Inkonsistenzen im Signal können in einigen Fällen korrigiert werden. Im Folgenden sollen deshalb die zur Anwendung gekommenen Korrekturschritte kurz erläutert werden. Eine Übersicht welche Korrekturen bei den einzelnen Rekonstruktionsstrategien notwendig sind, kann Tabelle 4.2 entnommen werden.

Tabelle 4.2: Bei der Anwendung der Rekonstruktionsstrategien des MPI sind spezifische Vor- und Nachverarbeitungsschritte notwendig, um eine erfolgreiche Bildrekonstruktion durchführen zu können.

Rekonstruktions-methode	notwendige Vorverarbeitungsschritte	notwendige Nachverarbeitungsschritte
Robotergestützt	keine	keine
Feldgestützt	Übertragungsfunktions-korrektur	keine
Physikalisches Modell	Übertragungsfunktions-korrektur	keine
Idealisiertes Modell	Übertragungsfunktions-korrektur	Geschwindigkeitskorrektur des FFPs in den Umkehrpunkten
	Relaxationsartefakt-korrektur	Korrektur DC-Offset
		Entfaltung mit PSF

Korrektur mit der Übertragungsfunktion

Wie in Abschnitt 2.3.2 beschrieben, wird das Empfangssignal durch die analoge Empfangskette beeinflusst. Dementsprechend ist es notwendig, die Übertragungsfunktion der Empfangskette in die drei modellbasierten Ansätze zu integrieren. Dazu wird ein komplexwertiger Faktor a_k für jede Frequenzkomponente k eingeführt.

Im Zusammenhang mit der modellbasierten Systemmatrix wurde vorgeschlagen, die Übertragungsfunktion über lineare Regression zwischen gemessener und modellierter Systemmatrix zu bestimmen [87, 92]. Es ist jedoch auch möglich, die Übertragungsfunktion mit Hilfe von Kalibrierspulen zu vermessen [54].

Die Korrektur mit der Übertragungsfunktion bei Verwendung einer modellbasierten Systemmatrix kann entweder in der Systemmatrix selbst oder im induzierten Spannungssignal vorgenommen werden. Bei der Verwendung der direkten Rekonstruktionsverfahren, basierend auf den idealisierten Modellen, erfolgt die Korrektur direkt in den Spannungssignalen. Deshalb wird zur übersichtlichen Darstellung im Folgenden ausschließlich die Korrektur der induzierten Spannungswerte betrachtet, die über

$$\hat{u}_k^{\mathrm{TF}} = \frac{\hat{u}_k}{a_k} \tag{4.9}$$

definiert ist. Das übertragungsfunktionskorrigierte Zeitsignal $u^{\mathrm{TF}}(t)$ kann anschließend durch eine inverse Fouriertransformation berechnet werden.

Korrektur von Relaxationsartefakten

Betrachtet man das Empfangssignal von mit der Langevin-Funktion modellierten Partikeln im Zeitbereich (vgl. Abbildung 4.1), so wird deutlich, dass eine Spiegelsymmetrie im Signalanstieg erzeugt durch eine Partikelprobe vorliegt. Weiterhin gilt bei einer Kosinusanregung, dass eine Punktsymmetrie im gesamten induzierten Spannungssignal einer Partikelprobe zu erwarten ist. Das heißt auch, dass der betragsmäßige Signalverlauf unabhängig von der FFP-Bewegungsrichtung ist. In der Praxis weisen die MNP jedoch Relaxationseffekte auf. Die dadurch verursachte Hysterese in der Magnetisierung der Partikel kann ein unsymmetrisches Zeitsignal zur Folge haben [61]. In der vorliegenden Bildgebungssequenz wurde eine Kosinusfunktion gewählt, sodass das Spektrum des zu erwartenden Empfangssignals rein imaginär sein sollte. Durch die Relaxation der Partikel wird das Signal jedoch so verändert, dass das Empfangssignal auch einen Realteil beinhaltet [106]. Um die Relaxationseffekte zu korrigieren, wird deshalb der Realteil des Spannungssignals $\mathrm{Re}(\hat{u}_k)$ durch Nullsetzen korrigiert.

Korrektur der FFP-Geschwindigkeit in den Umkehrpunkten

Bei Verwendung der Rekonstruktionsstrategien, die auf den idealisierten Modellen basieren, ist eine FFP-Geschwindigkeitskompensation notwendig, um die Signalintensitäten und -breiten zu normieren. Diese ist direkt in der Bildrekonstruktion integriert (vgl. Abschnitt 4.1). Allerdings existiert eine Singularität in den Umkehrpunkten der Trajektorie

$$\dot{H}^{\mathrm{A}}\left(\frac{1}{2\pi f_x}\arccos\left(\frac{G_x}{A_x}x\right)\right) = 0, \tag{4.10}$$

die zu einer Division mit null führt. In dieser Arbeit wird ein partikel- und demnach signalfreier Bereich am Rand des FOVs angenommen. Dadurch können der jeweils erste und letzte Punkt der Partikelkonzentration $c(x)$ entfernt werden, sodass die durch die Singularität entstehenden Inkonsistenzen in der Rekonstruktion nicht beachtet werden. Kann an den Rändern kein partikelfreier Bereich angenommen werden, so führt dieser Korrekturschritt zu einem Informationsverlust.

Korrektur der fehlenden Grundfrequenz im Partikelsignal

Da eine Filterung der Grundfrequenz bei MPI notwendig ist, fehlt vom induzierten Partikelsignal ebenfalls der Anteil der Grundfrequenz (vgl. Abschnitt 2.3.2). Es konnte gezeigt werden, dass dies zu einem konstanten Versatz, bezeichnet als DC-Offset, im Signal führt [97]. Kann im FOV ein partikelfreier Bereich angenommen werden, ist der

DC-Offset durch das globale Minimum der Partikelkonzentration $\min(c(x))$ gegeben und kann somit leicht korrigiert werden. Wenn kein partikelfreier Bereich vorliegen würde, ist keine quantitative Rekonstruktion ohne Information über den vorliegenden DC-Offset möglich [126].

Entfaltung mit der Punktspreizfunktion

Wie in Abschnitt 3.2.2.2 beschrieben, handelt es sich bei der Rekonstruktion bei Verwendung der idealisierten Modelle um eine mit der PSF gefalteten Partikelverteilung. Bei bekannter PSF, die durch Messung oder Modellierung erhalten werden kann, lässt sich $c(x)$ durch Entfaltung von $\tilde{c}(x)$ mit der PSF bestimmen. In dieser Arbeit wurde dazu die Wiener-Entfaltung eingesetzt, da diese eine rauschabhängige Entfaltung erlaubt, ohne das Rauschen zu sehr zu verstärken [72].

4.4.1.3 Ergebnisse und Diskussion

Zunächst soll der Effekt der Vorverarbeitungsschritte untersucht werden. In Abbildung 4.4 ist für alle drei Phantommessungen das aufgenommene Spannungssignal dargestellt. Die Korrektur mit der Übertragungsfunktion ist, außer für die gemessene Systemmatrix, für alle Rekonstruktionsstrategien notwendig, da andernfalls die systemeigenen Signalveränderungen zu Inkonsistenzen führen würden. Die Übertragungsfunktion kann, abhängig vom verwendeten System, zu sehr starken Verzerrungen führen. Dies ist bei den Signalen aller Phantome deutlich sichtbar. Vor der Korrektur ist keine Korrelation zwischen Phantom und Spannungssignal zu erkennen. Nach der Korrektur lassen sich die Strukturen der Phantome durch die lokalen Extrema bereits nachvollziehen. Des Weiteren ist, insbesondere bei Phantom A und C, die einhüllende Sinusschwingung, die durch die FFP-Geschwindigkeit entsteht (vgl. Abbildung 4.1), zu erkennen. Die auftretenden Relaxationseffekte müssen lediglich für die Rekonstruktionsstrategien basierend auf idealisierten Modellen korrigiert werden. Es ist deutlich zu erkennen, dass ohne diese Korrektur keine Punktsymmetrie im Spannungssignal vorliegt. Am stärksten ist dieser Effekt bei Phantom B zu sehen, weil ein vergleichsweise hohes Partikelvorkommen vorliegt.

Die direkten Rekonstruktionen nach den Gleichungen 3.17 und 3.11 bilden das Zeitsignal auf den Ortsraum ab und beinhalten eine Geschwindigkeitsnormierung. Da durch die Trajektorie das FOV zweimal abgetastet wird, wird die redundante Information durch die Bestimmung des Mittelwertes verarbeitet. Anschließend sind aufgrund der idealisierten Annahmen Nachverarbeitungsschritte notwendig. In Abbildung 4.5 sind diese exemplarisch für die Rekonstruktion im Zeitbereich dargestellt. Die Korrektur der FFP-Geschwindigkeit an den Wendepunkten der Trajektorie sowie die Korrektur

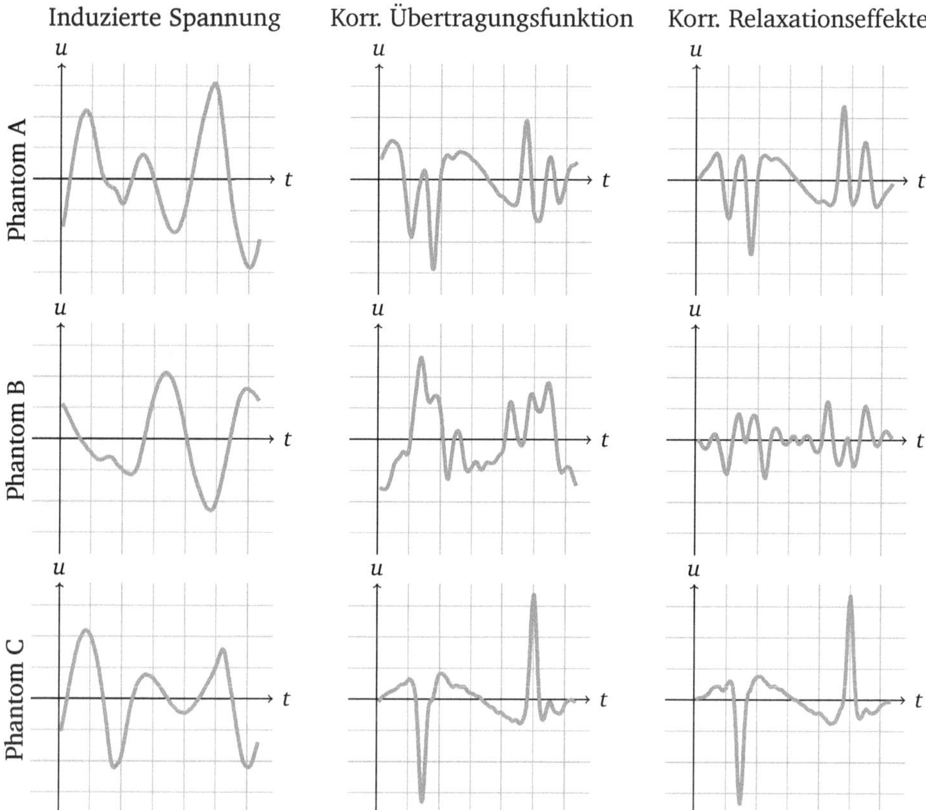

Abbildung 4.4: Die Spannungssignale der Phantommessungen bedürfen einiger Vorverarbeitungsschritte, damit eine erfolgreiche Rekonstruktion ohne gemessene Systemmatrix durchgeführt werden kann. Die Korrektur der Relaxationseffekte ist jedoch ausschließlich bei Verwendung der idealisierten Modelle notwendig.

der fehlenden Grundwelle wurden in einem Schritt durchgeführt. Der durch die Singularitäten auftretende Effekt der Signalüberhöhung durch die Division mit null ist besonders bei Phantom A zu beobachten. Die Korrektur führt zu einer besseren Rekonstruktion im Randbereich. Je näher sich die Partikel am Rand befinden, desto problematischer wird dieser Effekt. Dies wird bei Phantom B sehr deutlich und zeigt, dass eine verlässliche Rekonstruktion am Rand nur dann möglich ist, wenn dieser Bereich als partikelfrei angenommen werden kann. Die Korrektur des DC-Offsets führt zu einer Verschiebung des Signals und erlaubt anschließend eine quantitative Auswertung der Partikelkonzentration. Die anschließende, optionale Entfaltung führt zu einer schmaleren Rekonstruktion der Partikelverteilung und kann so zu einem Auflösungsgewinn beitragen. Es sei jedoch angemerkt, dass die Entfaltung wiederum zu negativen Überschwingern führen kann, die geeignet nachverarbeitet werden müssen.

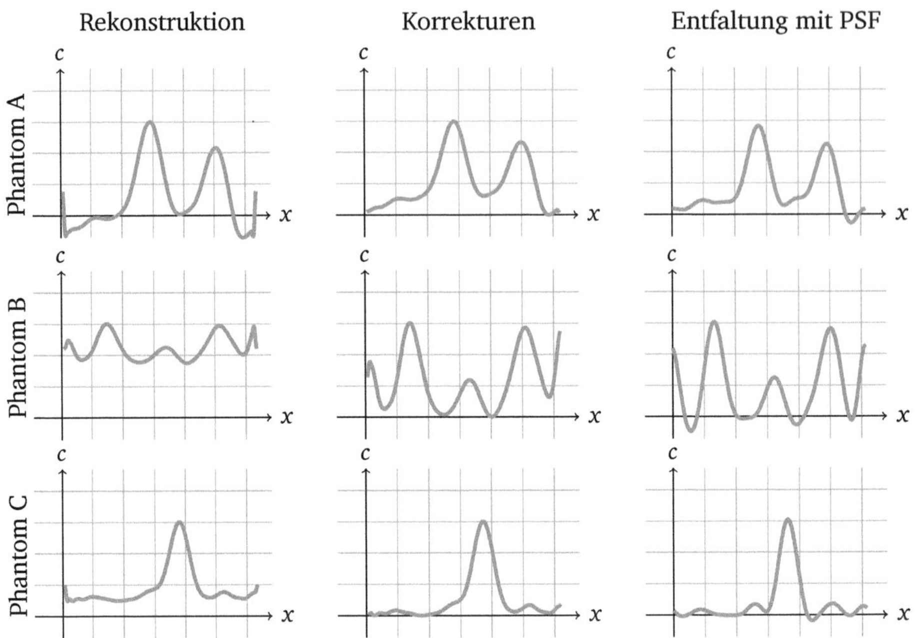

Abbildung 4.5: Die Rekonstruktion über die idealisierten Modelle benötigt die Nachverarbeitungskorrektur der FFP-Geschwindigkeit in den Umkehrpunkten der Trajektorie sowie des DC-Offsets. Zur Auflösungsgewinnung kann weiterhin eine Entfaltung durchgeführt werden. Die Partikelkonzentration $c(x)$ wurde auf 1 normiert.

Der Vergleich der Rekonstruktionsergebnisse der einzelnen Rekonstruktionsstrategien ist in der Abbildung 4.6 für alle drei Phantome dargestellt. Die rekonstruierten Partikelverteilungen wurden auf 1 normiert, damit ein qualitativer Vergleich durchgeführt werden kann ohne das Rauschen zu verstärken.

Der direkte Vergleich zwischen den modellbasierten und den messbasierten Ansätzen zeigt deutlich, dass die FWHM des Signals bei Verwendung eines Models größer und somit die erreichbare Auflösung geringer ist. Dabei ist zu beachten, dass der Rekonstruktionsbereich für die direkten Verfahren kleiner ist, da er nur im Bereich des durch die Anregungsfeldamplitude definierten FOVs liegt. Eine Systemmatrix kann dagegen auch über das eigentliche FOV hinaus aufgenommen werden, sodass auch Signal von Partikeln, die außerhalb der Trajektorie liegen, in Betracht gezogen werden kann.

Des Weiteren fällt auf, dass die Position der lokalen Maxima bei der Rekonstruktion über die direkten Methoden zu den Rekonstruktionsstrategien basierend auf einer Systemmatrix nicht identisch sind. Es ist davon auszugehen, dass die MNP eine Anisotropie aufweisen und somit Relaxationseffekte auftreten (vgl. Abschnitt 2.1.1). Da-

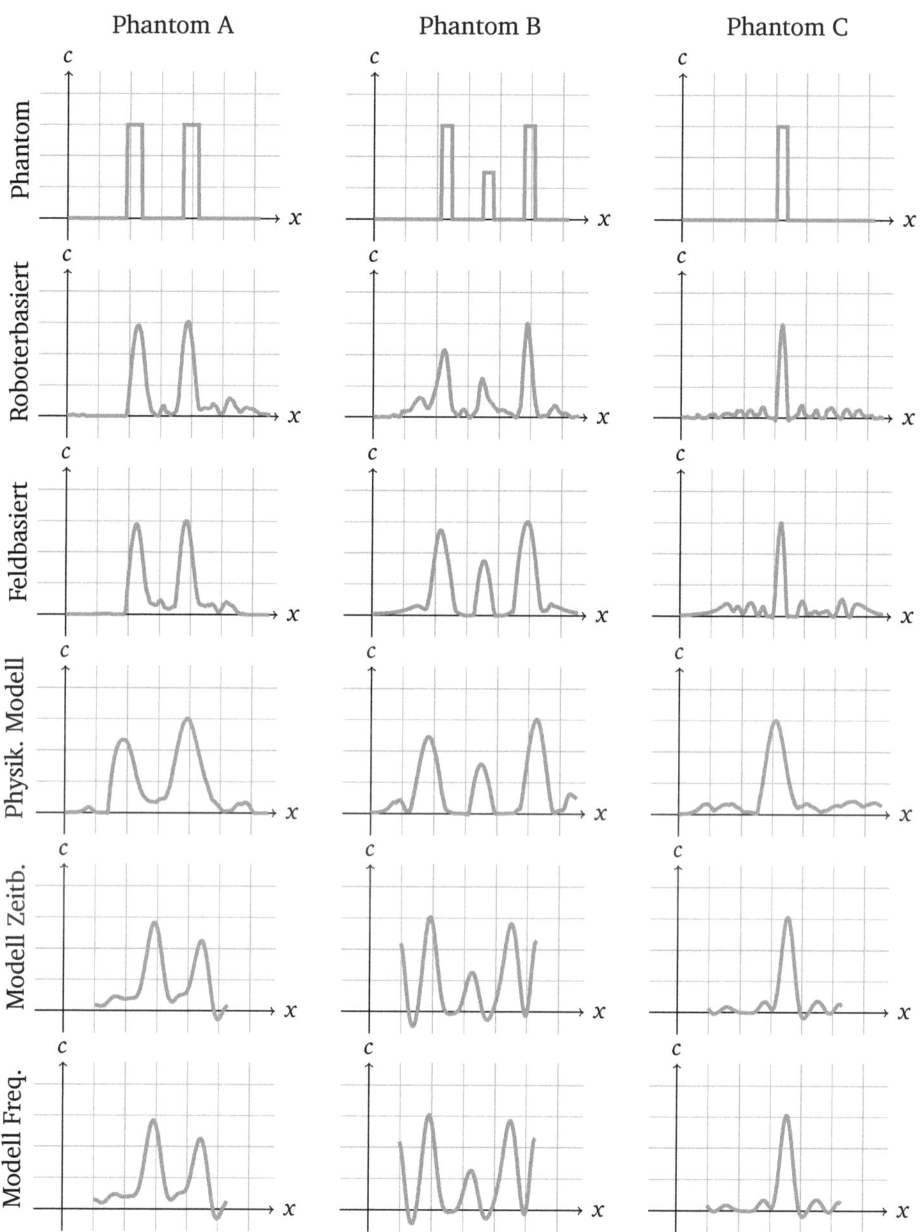

Abbildung 4.6: Vergleich der Rekonstruktionsergebnisse der drei Phantome inklusive aller Vor- und Nachverarbeitungsschritte. Die Partikelkonzentration $c(x)$ wurde für alle Rekonstruktionen auf 1 normiert.

durch kommt es beim Empfangssignal zu einem verzögerten Signalanstieg, der durch eine fehlende Kalibrierung bei den direkten Methoden zu erklären ist und zu einer Verschiebung der Rekonstruktion führt.

Bei der Betrachtung aller drei Phantome fällt auf, dass die beiden direkten Verfahren basierend auf idealisierten Modellen annähernd das gleiche Rekonstruktionsergebnis erzielen. Selbst die Rekonstruktion des Rauschmusters an den Positionen ohne MNP ist sehr ähnlich. Dies bestätigt die in Abschnitt 4.2 gezeigte mathematische Gleichheit, gleichwohl durch die endliche Frequenzreihe keine exakte Gleichheit besteht. Beim Phantom B sind starke Überschwinger am Rand zu erkennen, was an der dichten Lage zum Wendepunkt der Trajektorie liegt.

Bei Verwendung der Rekonstruktionsstrategien, die sich einer Systemmatrix bedienen, ist auffällig, dass die modellbasierte Systemmatrix eine etwas schlechtere Auflösung erzielt. Dies ist aufgrund des vereinfachten Partikelmodells auch zu erwarten. Die roboter- und die feldbasierte Methode erreichen eine vergleichbares Ergebnis, wobei das Rauschen beim feldbasierten Ansatz stärker ausgeprägt ist. Die leicht abweichende Anregungsfrequenz zur Erstellung der feldbasierten Systemmatrix produziert keine sichtbaren Artefakte.

4.4.2 Bildrekonstruktion bei zweidimensionaler Anregung

Die Kombination mehrerer Anregungsfelder führt zu einem deutlich komplexeren Magnetisierungsverhalten der Partikel, das durch physikalische Parameter, wie beispielsweise der Anisotropie der Partikel, beeinflusst wird [76]. Sollen idealisierte Modelle für die Bildrekonstruktion verwendet werden, wie sie in Abschnitt 3.2.2.2 vorgestellt wurden, ist eine Erweiterung des vereinfachten Partikelmodells notwendig. Weiterhin muss berücksichtigt werden, dass bei einer mehrdimensionalen Anregung eine mehrdimensionale Faltungskern vorliegt. Derzeit gibt es keine Publikation, in der eine Bildrekonstruktion mehrdimensional angeregter MPI-Daten über ein idealisiertes Modell realisiert wird.

Erste erfolgreiche Bildrekonstruktionen mit einer feldgestützten Systemmatrixakquisition bei Verwendung eines Scanners konnten bereits gezeigt werden [79, 80]. Für eine spektrometriegestützte Evaluierung fehlt bisher ein MPS, welches mehrere Anregungssignale zur Verfügung stellt. Für den Vergleich in dieser Arbeit konnten deshalb keine Daten für eine feldgestützte Systemmatrix aufgenommen werden.

Aus den genannten Gründen wird sich an dieser Stelle auf einen Vergleich zwischen der messbasierten Systemmatrix und der nach physikalischen Modellen berechneten Systemmatrix beschränkt. Zunächst werden die dafür verwendeten Messparameter und Phantome beschrieben. Anschließend werden die Rekonstruktionsergebnisse verglichen und diskutiert.

4.4.2.1 Messparameter

Die 2D-Daten wurden mit einem präklinischen MPI-Scanner (Bruker Biospin MRI GmbH, Ettlingen, Deutschland [65]) aufgenommen. Sowohl die Systemmatrix als auch die Phantomdaten wurden im Scanner-Koordinatensystem in der xy-Ebene gemessen. Die Gradientenstärke beträgt in beide Richtungen $1{,}25\,\mathrm{Tm}^{-1}$. Die Anregungsfrequenzen sind mit $f_x = 24{,}509\,\mathrm{kHz}$ und $f_y = 26{,}042\,\mathrm{kHz}$ vorgegeben. Die Anregungsfeldstärke wurde für beide Kanäle auf $10\,\mathrm{mT}$ festgelegt, sodass eine FOV-Größe von $16 \times 16\,\mathrm{mm}^2$ vorliegt.

Die roboterbasierte Systemmatrix wurde über einen Bereich von $40 \times 40\,\mathrm{mm}^2$ aufgenommen. Die verwendete Punktprobe hat eine Größe von $2 \times 2 \times 2\,\mathrm{mm}^3$ und enthält unverdünntes Resovist. Die Diskretisierung wurde mit 32×32 Pixeln so gewählt, dass es eine örtliche Überschneidung bei der Aufnahme der Punktproben gibt.

Zur Erstellung der modellbasierten Systemmatrix wurde von idealen Feldern ausgegangen. Die Parameter wurden analog zur roboterbasierten Systemmatrix angenommen. Die Partikelmagnetisierung wurde mit der Langevin-Funktion simuliert, wobei ein Durchmesser von $30\,\mathrm{nm}$ angenommen wurde. Zusätzlich wurde eine zweite modellbasierte Systemmatrix mit einer fünffachen Auflösung von 160×160 Pixeln simuliert. Die beiden modellbasierten Systemmatrizen wurden mit einer Übertragungsfunktion korrigiert, die über lineare Regression anhand der gemessenen Systemmatrix bestimmt wurde.

Es wurden drei verschiedene Phantome verwendet, wobei einige Phantome nicht vollständig ins FOV passen. Phantom A stellt eine C-förmige Struktur dar, die knapp im FOV liegt. Phantom B besteht aus fünf Punkten, die wie eine 5 auf einem Würfel angeordnet sind. Die vier äußeren Punkte liegen auf dem Rand des FOV. Phantom C besteht aus 3×5 zylindrischen Strukturen mit einem Durchmesser von $3\,\mathrm{mm}$ und einem Abstand von je $3\,\mathrm{mm}$ zueinander. Allerdings liegen nur sechs der Zylinder im FOV. Für Phantom A und B wurde unverdünntes Resovist verwendet. Bei Phantom C wurde das Resovist in einer Verdünnung von 1:20 (Verdünnung mit demineralisiertem Wasser) verwendet.

4.4.2.2 Ergebnisse und Diskussion

Die Bildrekonstruktionen der drei Phantome für die roboterbasierte und die beiden modellbasierten Systemmatrizen sind in Abbildung 4.7 dargestellt. Dabei wird sehr deutlich, dass die Objekte Artefakte produzieren, da sie nicht komplett im FOV platziert sind (vgl. dazu auch Kapitel 6). Die Rekonstruktion mit der modellbasierten Systemmatrix mit gleicher Konfiguration wie die roboterbasierte Systemmatrix weist deutlich stärkere Verschmierungen bei Phantom A und B auf. Dafür ist der visuelle

Eindruck der Rekonstruktion des Phantoms C besser. Da eine Simulation der System-matrix sehr kostengünstig durchgeführt werden kann, ist es legitim, die Auflösung deutlich höher zu wählen. Die Ergebnisse bei einer fünffachen Systemmatrixauflösung führen zu einem besseren visuellen Eindruck der Rekonstruktion. Da keine präzise An-gabe über die Partikelverteilung im Phantom getroffen werden kann, ist jedoch keine verlässliche Analyse des Auflösungsgewinns möglich.

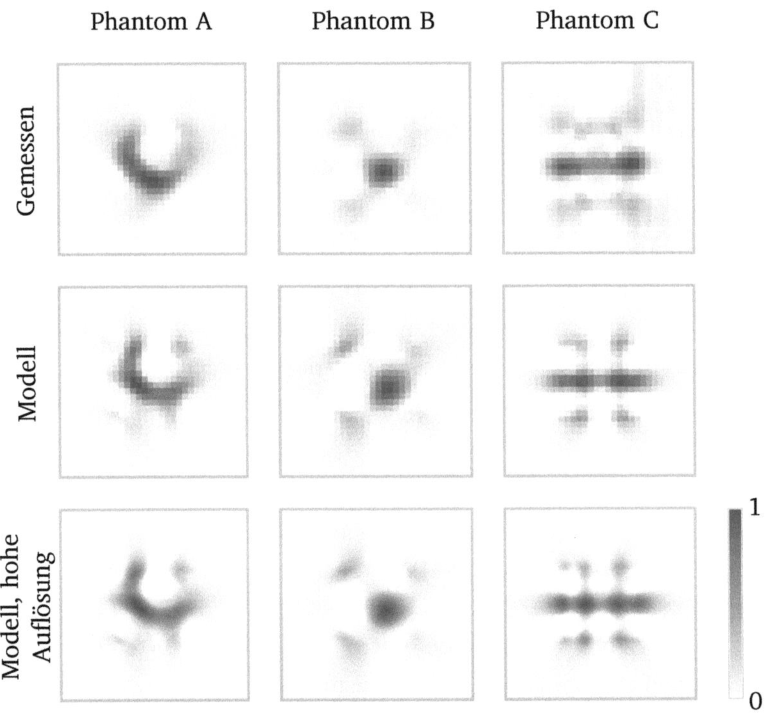

Abbildung 4.7: Die auf 1 normierten Ergebnisse der Bildrekonstruktion dreier Phan-tome für eine roboterbasierte und zwei modellbasierte Systemmatrizen.

Da die Phantome nicht spezifisch für diese Studie aufgenommen wurden, sind sie nicht für eine artefaktfreie Veranschaulichung geeignet. Dennoch repräsentieren sie eine realistische Auswahl an Daten aus der Praxis und die Bildrekonstruktionen decken sich mit den Ergebnissen aus [87]. Eine Rekonstruktion mit einer modellbasierten Systemmatrix bewirkt vergleichsweise gute Ergebnisse, allerdings ist die erreichbare Auflösung etwas geringer als bei der Verwendung einer messbasierten Systemmatrix.

4.5 Diskussion

Die Entwicklung des MPI ist im Vergleich zu Verfahren wie CT oder MRT in einem sehr frühen Stadium. Viele Aspekte, wie geeignete Tracer oder die Grenzen des PNS, sind noch unzureichend erforscht und erfordern umfangreiche Simulationen und praktische Tests. Des Weiteren ist das Spektrum der denkbaren Anwendungsmöglichkeiten für MPI groß, sodass sehr unterschiedliche Anforderungen wichtig sein können. Dies hat dazu geführt, dass sich zwei Hauptrichtungen bei der MPI-Bildgebung abzeichnen.

Auf der einen Seite werden Scanner entwickelt, deren Fokus auf einer möglichst schnellen Abtastung des Bildbereiches liegt. Um dies zu erreichen, ist die Anwendung dynamischer Magnetfelder unterschiedlicher Frequenzen erforderlich. Auf der anderen Seite ist eine sensitive Bildgebung mit einer schnellen, direkten Bildrekonstruktion erstrebenswert, sodass Scanner mit nur einer Anregungsfrequenz entwickelt werden, deren zeitliche Auflösung deutlich geringer ist.

Aus den vorangegangen Abschnitten geht deutlich hervor, dass die zu wählende Bildrekonstruktionsmethode sehr stark von verschiedenen Faktoren abhängt.

Die erste Einschränkung wird durch die Anzahl an Anregungsfrequenzen gegeben. Bei einer mehrdimensionalen Anregung konnten bisher keine hinreichend genauen idealisierten Modelle gefunden werden. Die Evaluierung einer feldbasierten, spektrometriegestützten Systemmatrix ist derzeit aufgrund eines fehlenden mehrdimensionalen MPS nicht möglich. Folglich bleiben für eine mehrdimensionale Anregung die robotergestützte, die modellbasierte und die feldbasierte, Scanner-gestützte Systemmatrix als anwendbare Rekonstruktionsmethoden übrig. Es sei jedoch angemerkt, dass eine mehrdimensionale Bildgebung auch mit nur einer Anregungsfrequenz möglich ist [74].

Ein weiterer Punkt, der beachtet werden muss, liegt in der örtlichen Abdeckung der Methoden. Die direkten Rekonstruktionsverfahren erlauben nur eine Rekonstruktion im FOV. Die übrigen Verfahren basieren auf einer Systemmatrix, die größer als das FOV gewählt werden kann. Dadurch lassen sich auch Partikeleinflüsse außerhalb des eigentlichen FOVs rekonstruieren. Diese Thematik wird ausführlicher in Kapitel 6 besprochen.

Derzeit gibt es viele Bestrebungen, die Nachteile einzelner Rekonstruktionsstrategien durch innovative Ideen zu kompensieren. So haben bereits Algorithmen des Compressed Sensing [93], die spärliche Rekonstruktion von Gleichungssystemen [95] und deren Kombination [14] Anwendung in MPI gefunden. Auch die aus der CT bekannte Radon-Transformation kommt bei der Bildgebung mit einer FFL zur Anwendung, wobei das idealisierte Modell im Zeitbereich zur Erstellung eines Sinogramms genutzt wird [73, 90].

Zusammenfassend lassen sich für bestimmte Anwendungsfälle geeignete Rekonstruktionsmethoden festhalten. Wenn eine hohe zeitliche und örtliche Auflösung erforderlich ist, ist die roboterbasierte Systemmatrix eine geeignete Wahl, sofern eine lange Kalibrier- und Rekonstruktionszeit vernachlässigt werden kann. Sollen die zeitliche und örtliche Auflösung möglichst hoch sein und die Kalbrierzeit so gering wie möglich gehalten werden, dann ist die Rekonstruktion mit einer physikalisch modellierten Systemmatrix sinnvoll. Ist im gleichen Fall das Partikelmodell nicht ausreichend genau, kann auf Kosten der Kalibrierzeit eine feldgestützte Systemmatrix eingesetzt werden. Können Kompromisse bei der zeitlichen Auflösung zugunsten einer hohen Sensitivität gemacht werden, können die idealisierten Modelle eingesetzt werden, um so eine schnelle Rekonstruktion durchzuführen.

Kapitel 5

Hybride Systemmatrix

Die ersten veröffentlichten MPI-Bilder wurden unter Zuhilfenahme einer roboterbasierten Systemmatrix rekonstruiert [68, 128]. Diese Art der Rekonstruktion ermöglicht eine sehr gute Bildqualität, da mögliche Inhomogenitäten und Nichtlinearitäten in den Magnetfeldern und spezifische Partikelcharakteristika nicht gesondert betrachtet werden müssen (vgl. Kapitel 3). Dies begründet zugleich den größten Nachteil einer gemessenen Systemmatrix, denn für jede Kombination aus einer Bildsequenz und einem Tracer muss eine dedizierte Aufnahme der Systemmatrix erfolgen.

Der alternative Ansatz einer modellbasierten Systemmatrix ist sehr vielversprechend, da der Zeitaufwand selbst bei einer großen Anzahl an Bildpunkten vergleichsweise gering ist. Die Simulation der Magnetfeldsequenz bei bekannter Topologie ist sehr genau möglich [21, 36], allerdings ist eine realitätsnahe Simulation der Partikeleigenschaften sehr komplex und stellt damit momentan noch keine Alternative zu einer Messung der Systemmatrix dar [130].

In diesem Kapitel soll deshalb ein hybrider Ansatz vorgestellt werden, der die Simulation der Magnetfelder mit einer Messung der Partikelantwort verknüpft. Für die Messung wird ein Magnet-Partikel-Spektrometer verwendet [54]. Auf diese Weise lässt sich der zeitliche Aufwand zur Erstellung einer Systemmatrix reduzieren gleichwohl die komplexen Partikeleigenschaften enthalten sind.

Zunächst sollen die physikalischen Voraussetzungen und das Grundprinzip der hybriden Systemmatrix erläutert werden. Dabei wird insbesondere auf die Unterschiede der ein- und mehrdimensionalen Bildgebung eingegangen. Anschließend wird eine experimentelle Validierung durchgeführt. Die Ergebnisse werden im Vergleich zu einer gemessenen Systemmatrix betrachtet, wobei in einer abschließenden Diskussion spezifische Vor- und Nachteile der hybriden Systemmatrix herausgearbeitet werden.

5.1 Funktionsprinzip

Das im Abschnitt 3.2.2.1 beschriebene physikalische Modell zur Berechnung einer Systemmatrix zeigt große Übereinstimmung zwischen simulierten und den korrespondierenden gemessenen Magnetfeldern [21,36]. Für eine hinreichend genaue Simulation der Systemmatrix bei mehrdimensionaler Anregung ist jedoch das verwendete Modell der Langevin-Theorie des Paramagnetismus zur Bestimmung der Magnetisierung $M(r,t)$ nicht geeignet, da die Anisotropie und die daraus resultierende Relaxation der MNP nicht abgebildet werden. Die dazu notwendigen stochastischen Modelle, die eine Lösung der Fokker-Planck-Gleichung [110] berechnen, sind zeitaufwändig und stellen somit derzeit keine Alternative dar [111,130].

Um eine möglichst korrekte Systemmatrix zu erhalten, ist demnach die Messung der Partikelmagnetisierung notwendig. Bei Beachtung von Relaxationseffekten muss Gleichung 2.2 um den zeitlichen Verlauf der Magnetfeldänderung $\theta(t)$ erweitert werden:

$$M(r,t) = M\left(H^{\text{S\&A}}(r,t), \theta(t)\right) = M\left(H^{\text{S}}(r) + H^{\text{A}}(t), \theta(t)\right). \tag{5.1}$$

Wie zu sehen ist, ist die Magnetisierung lediglich indirekt abhängig vom Ort r und der Zeit t. Daraus lässt sich schlussfolgern, dass bei einer Messung die örtliche und zeitliche Relation zwischen Partikelprobe und Magnetfeldsequenz entscheidend ist.

In Abbildung 5.1 wird dieser Zusammenhang anhand eines eindimensionalen FOVs mit sieben Ortspunkten x_1 - x_7 dargestellt. Für jeden dieser Ortspunkte ist die absolute Magnetfeldstärke während einer Repetitionszeit der 1D-Anregungssequenz für diskrete Zeitschritte t_1 - t_{13} visualisiert. Zu Beginn der Sequenz befindet sich der FFP an Position x_4 und wird zunächst nach oben und anschließend nach unten verschoben, sodass eine Signalkodierung für alle Ortspunkte stattfindet (vgl. Abschnitt 2.1.2).

Betrachtet man die Abbildung zeilenweise, so wird deutlich, dass der zeitliche Verlauf der Magnetfeldstärke für jeden Ortspunkt verschieden ist. Dies ist mit dem durch das Selektionsfeld entstehenden Verschub des Anregungsfeldes zu erklären.

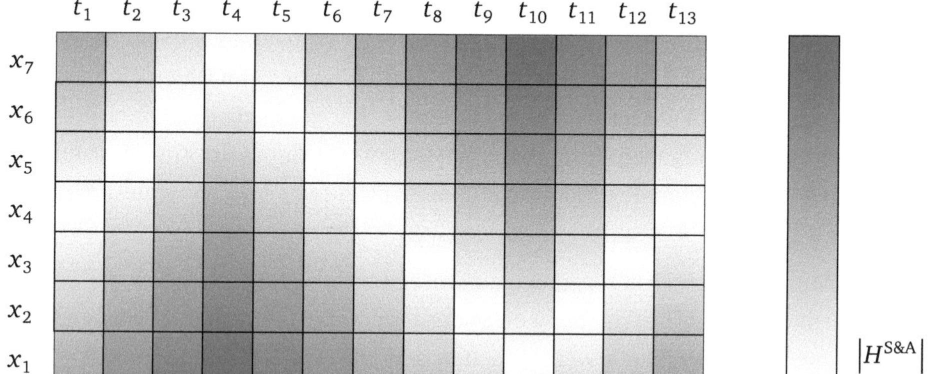

Abbildung 5.1: Visualisierung einer 1D-Anregung (mit den Zeitpunkten t_1 - t_{13}) für ein 1D-FOV (mit den Ortskomponenten x_1 - x_7). Jede Zeile entspricht der an diesem Ortspunkt vorliegenden Magnetfeldsequenz aufgetragen über die Zeit. Jede Spalte repräsentiert das Gesamtmagnetfeld $\left|H^{\text{S\&A}}\right|$ zum entprechenden Zeitpunkt für das gesamte FOV.

Unter Beachtung der örtlichen und zeitlichen Relation zwischen Ortspunkt und Magnetfeldstärke kann die Messung einer Systemfunktion mit Hilfe eines MPS emuliert werden. Ein MPS ist ein Gerät zur Charakterisierung von MNP und wird oft als null-dimensionaler MPI-Scanner[1] bezeichnet [55]. Damit ein MPS für die Emulation der Magnetisierung für eine bestimmte Systemfunktion verwendet werden kann, ist es notwendig, den Einfluss des Selektionsfeldes, also den Verschub der Sequenz, zu berücksichtigen. Deshalb wird ein MPS mit regulierbaren Offset-Feldern, die homogenen und statischen Magnetfeldern entsprechen, benötigt [54, 56]. So lässt sich beispielsweise für jeden Ortspunkt aus Abbildung 5.1 im MPS die passende Magnetfeldsequenz durch Überlagerung eines Offset-Feldes und eines Anregungsfeldes emulieren.

Es ist demnach möglich, die Messungen der Systemfunktionen einer Systemmatrix statt mit einer sich bewegenden Punktprobe mit einem MPS durchzuführen. Der größte Vorteil besteht darin, dass die Roboterbewegung zwischen den Voxel-Positionen entfällt und so ein signifikanter Zeitgewinn erreicht werden kann (vgl. Abschnitt 4.3.1). Zusätzlich ist die Sensitivität der Signalakquisition erhöht, da das Messfeld sehr klein

---

[1]Die Bezeichnung nulldimensional bezieht sich auf die fehlende Ortskodierung in einem MPS, da kein Selektionsfeld vorhanden ist. Da die MNP in einem definierten Volumen in die Messkammer eingebracht werden, ist lediglich die Anwendung von Anregungsfeldern notwendig. Ein MPS kann allerdings, analog zu Bildgebungssystemen, mehrere orthogonale Anregungsfelder beinhalten.

ist und sich die Empfangsspulen somit sehr nahe an der Probe befinden. Dieser Umstand kann genutzt werden, um die Messzeit weiter zu verkürzen, denn ein zum Scanner vergleichbares SNR lässt sich mit deutlich weniger Mittelungen erreichen.

Mit dem Verfahren der hybriden Systemmatrix ist es denkbar, eine geeignete Auswahl an Systemfunktionen für einen spezifischen Tracer mit Hilfe eines MPS aufzunehmen und in einer Datenbank zu speichern. Anschließend kann aus den Daten eine Systemmatrix für einen beliebigen MPI-Scanner aus den vorher gespeicherten Daten emuliert werden. Die Scanner-eigenen Besonderheiten lassen sich durch die Korrektur mit der Übertragungsfunktion, analog zum modellbasierten Ansatz (vgl. Abschnitt 3.2.2.1), abbilden.

Bisherige MPS-Geräte realisieren genau ein Anregungsfeld [55,63], sodass das Verhalten der Partikel in der 1D-Bildgebung emuliert werden kann. Bei einer mehrdimensionalen Anregung von Partikeln werden neben den Harmonischen der Grundfrequenzen auch Mischfrequenzen erzeugt und gemessen (vgl. Abschnitt 2.2). Diese lassen sich nicht mit einer eindimensionalen Anregung erzeugen, sodass für eine hybride Systemmatrix für die mehrdimensionale Bildgebung ein MPS mit zueinander orthogonalen Anregungsfeldern ausgestattet sein muss. Diese müssen entsprechend der im Scanner realisierten Bildgebungssequenz eingestellt und mit dem Voxel-spezifischen Offset-Wert überlagert werden, um eine realistische Partikelemulation durchzuführen.

5.2 Material und Methoden

Für eine erste experimentelle Validierung der hybriden Systemmatrix wird die eindimensionale Bildgebung betrachtet. Dazu werden einerseits Daten eines kommerziellen präklinischen Systems (engl. *pre-clinical demonstrator*, PCD) und andererseits Daten eines Single-Sided-Scanners (engl. *single-sided demonstrator*, SSD) verwendet. Die Magnetfelder im PCD können als ideal angenommen werden. Der SSD zeichnet sich dadurch aus, dass die Spulen zur Erzeugung des Gradientenfeldes konzentrisch angeordnet sind. Dadurch ist es möglich einen MPI-Scanner zu entwickeln, dessen Spulen lediglich von einer Seite her an den Patienten herangeführt werden müssen, sodass ein unlimitierter Patientenzugang gewährleistet werden kann. Aus der Anordnung der Spulen resultieren jedoch ein nichtlineares Selektionsfeld und inhomogene Anregungsfelder. Sind die Nichtlinearitäten bekannt, lassen sie sich durch ein Offset-Feld im MPS leicht nachbilden. Als Offset-Feld werden Magnetfelder bezeichnet, die eine homogene Magnetfeldstärke aufweisen und per Superposition mit den Anregungsfeld überlagert werden. Diese Kompensation lässt sich mit anderen Verfahren, wie beispielsweise der Scanner-gestützten Emulation der Systemmatrix (vgl. Abschnitt 3.2.1), nicht so einfach integrieren. Die inhomogenen Anregungsfelder verhindern außerdem eine direkte Anwendung der Rekonstruktion über mathematische Modelle, da die FFP-Geschwindigkeit nicht als geschlossene Funktion beschrieben werden kann.

Zunächst werden die technischen Parameter der Bildgebungssequenzen und die in den Experimenten verwendeten Phantome beschrieben. Dabei ist zu berücksichtigen, dass die Signalmittelung der Daten, die mit verschiedenen Systemen aufgenommen wurden, nicht aufeinander abgestimmt wurde. Vielmehr wurde für die jeweiligen Messdaten die individuelle Mittelung so gewählt, dass das SNR für den jeweiligen Datensatz entsprechend der zugrundeliegenden Hardware möglichst hoch ist. Anschließend wird auf die notwendigen Verarbeitungsschritte zur Erstellung der Systemmatrix anhand von MPS-Daten eingegangen. Zusätzlich sollen anhand des PCD-Datensatzes einige Eigenschaften der hybriden Systemmatrix bezüglich deren notwendiger Güte im Vergleich zu einer gemessenen Systemmatrix vorgenommen werden. Dazu werden die verschiedenen Messeinstellungen vorgestellt.

5.2.1 Messparameter des präklinischen MPI-Scanners

Die verwendeten Daten entsprechen denen aus Kapitel 4. Die Experimente wurden mit einem kommerziellen präklinischen MPI-Scanner (Bruker Biospin MRI GmbH, Ettlingen, Deutschland [65]) durchgeführt. Die Sequenz wurde mit einer Gradientenstärke von $1\,\mathrm{Tm}^{-1}$, einer Anregungsfeldstärke von $14\,\mathrm{mT}$ und einem Kosinus der Frequenz $25{,}252\,\mathrm{kHz}$ als Anregungssignal definiert. Die daraus resultierende FOV-Größe beträgt $28\,\mathrm{mm}$.

Die zugehörige Systemmatrix wurde an 100 äquidistanten Punkten im Bereich von $40\,\mathrm{mm}$ aufgenommen. Die kubische Punktprobe, gefüllt mit unverdünntem Resovist, hat eine Größe von $2\times2\times2\,\mathrm{mm}^3$. Zur Verbesserung des SNRs wurde eine Mittelung von 1.000 Messungen für jede Punktprobenposition durchgeführt. Eine exakt zentrische Positionierung der Systemmatrix im PCD ist schwierig. Der Verschub des Zentrums kann empirisch bestimmt werden und beträgt $2{,}3\,\mathrm{mm}$.

Die Messungen wurden mit statischen Phantomen durchgeführt, wobei zur SNR-Steigerung eine Mittelung von 10.000 Messungen durchgeführt wurde. Alle Phantome besitzen zylindrische Öffnungen von $4\,\mathrm{mm}$ Länge, die mit Resovist gefüllt sind. Phantom A besteht aus zwei Zylindern des Durchmessers $3\,\mathrm{mm}$, die einen Abstand von $11\,\mathrm{mm}$ haben. Beide Zylinder sind mit unverdünntem Resovist gefüllt. Phantom B besteht aus 3 Zylindern des Durchmessers $2\,\mathrm{mm}$, die jeweils $8\,\mathrm{mm}$ Abstand zueinander haben. Die äußeren Zylinder sind mit unverdünntem Resovist befüllt. Der mittlere Zylinder enthält eine Verdünnung von 1:1 (Verdünnung mit demineralisiertem Wasser).

Phantom C besteht aus einem einzelnen Zylinder mit einem Durchmesser von 2 mm befüllt mit unverdünntem Resovist. Die skizzierten Phantome können Abbildung 4.3 in Kapitel 4 entnommen werden.

5.2.2 Messparameter des Single-Sided-Scanners

Die Messungen mit dem in [116] spezifizierten SSD wurden mit einer Anregungsfrequenz von 25 kHz durchgeführt. Das durch die Trajektorie abgedeckte FOV hat eine Größe von 15 mm und steht axial zentriert orthogonal zur Oberfläche des Scanners.

Die Systemmatrix wurde im Bereich von 15 mm an 46 äquidistant verteilten Punkten gemessen. Die dabei verwendete zylindrische Punktprobe weist einen Durchmesser von 1 mm und eine Länge von 6 mm auf und fasst $4{,}7\,\mu l$. Als Tracer wurde unverdünntes Resovist verwendet. Um das SNR zu verbessern, wurden 6.400 Messungen gemittelt.

Das verwendete Phantom besteht aus fünf mit unverdünntem Resovist befüllten Zylindern mit je 1 mm Durchmesser mit einen Abstand von je 2 mm. Die Platzierung wurde an drei Positionen vorgenommen, die jeweils 3 mm auseinanderliegen und im Folgenden mit Phantom A, B und C bezeichnet werden. Für die Phantommessungen wurden ebenfalls 6.400 Messungen zur Steigerung des SNRs gemittelt.

5.2.3 Messparameter der hybriden Systemmatrix

Um die Systemmatrix mit einem MPS zu emulieren, ist es notwendig, die ortsspezifischen Magnetfeldabweichungen an den Positionen der Systemmatrixaufnahmen zu kennen. Diese lassen sich bestimmen, indem das physikalische Modell (vgl. Abschnitt 3.2.2.1) zur Simulation der Magnetfeldsequenz herangezogen wird. Die daraus resultierenden Werte des Selektionsfeldes H^S und des Anregungsfeldes H^A dienen als Parameter für die Messungen mit dem in [54, 55] detailliert beschriebenen MPS.

In Abbildung 5.2 sind für beide Bildgebungssequenzen die Werte für H^S und H^A gegeneinander aufgetragen. Dabei ist deutlich zu erkennen, dass die Inhomogenität des Anregungsfeldes beim SSD dazu führt, dass die auf die Partikel wirkende Amplitude in Abhängigkeit von der Entfernung zum Scanner variiert. Die annähernd idealen Felder des PCDs führen zu einer konstanten Amplitude des Anregungssignals. Ähnliche Effekte lassen sich bei den Werten des Selektionsfeldes beobachten. Beim PCD wird der FFP in der Mitte des FOVs generiert und die Steigung der Magnetfeldstärke zu den Seiten ist linear, sodass der DC-Offset eine Symmetrie aufweist. Allerdings bewirkt die nicht exakt zentrisch ausgerichtete Systemmatrix eine leichte Abweichung in dieser Symmetrie. Das Selektionsfeld des SSDs ist weder zentrisch noch linear, wodurch keine Symmetrie erkennbar ist.

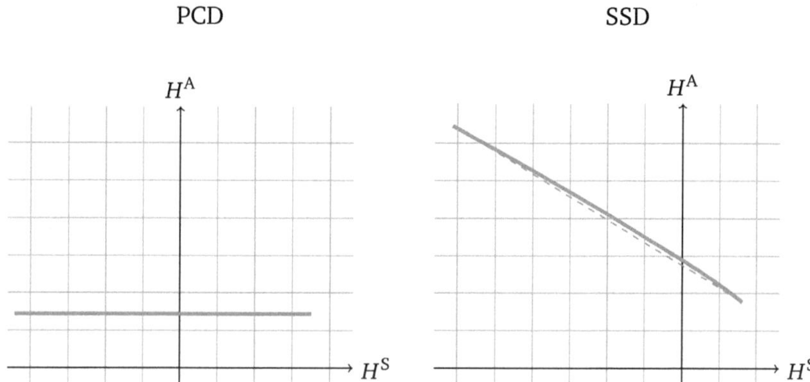

Abbildung 5.2: Simulierte Werte für die an jedem Punkt vorliegende Anregungsfeldstärke sowie des DC-Offsets zum Zeitpunkt t_0 der Sequenz. Beim PCD, der annähernd ideale Felder aufweist, ist die Anregungsfeldstärke konstant. Im Gegensatz dazu fällt die Amplitude beim SSD mit Entfernung zum Scanner ab. Zur Veranschaulichung der Nichlinearität beim SSD wurde eine gestrichelte Gerade eingezeichnet. Der DC-Offset beim PCD ist, abgesehen vom Zentrumsverschub der Systemmatrix, symmetrisch.

Aufgrund der Architektur des verwendeten Spektrometers [54], können keine negativen Werte für H^S eingestellt werden. Deshalb wird während der Messungen mit dem Absolutwert gearbeitet und das Spektrum anschließend über

$$\hat{u}_k = \hat{u}_k \mathrm{e}^{\mathrm{i}\pi(k+1)} \tag{5.2}$$

korrigiert, wenn $H^S(x) < 0$ gilt. Um ein gutes SNR zu erhalten, wurden 100 Messungen gemittelt.

Auch für die hybride Systemmatrix ist eine Korrektur mit der Übertragungsfunktion notwendig. Diese lässt sich analog zu der in Abschnitt 4.4.1.2 beschriebenen Korrektur durchführen. Dabei wurde die lineare Regression zwischen der gemessenen Systemmatrix und der hybriden Systemmatrix vorgenommen, um den komplexwertigen Faktor a_k zu bestimmen.

5.2.4 Parameter zur Analyse einer hybriden Systemmatrix

Ein großer Vorteil der hybriden Systemmatrix ist einerseits, dass das komplexe Partikelverhalten gemessen wird und andererseits, dass der Zeitaufwand im Vergleich zu einer roboterbasierten Systemmatrix gering ist. In diesem Kapitel soll ergänzend untersucht werden, ob ein zusätzlicher Zeitgewinn durch Verringerung der Anzahl an Messungen ohne nennenswerte Verschlechterung der Bildrekonstruktionsqualität erreicht werden kann.

Da die Messkammer in einem MPS sehr klein ist und die Empfangsspulen somit sehr nah an der Partikelprobe sind, kann durch Verminderung der verwendeten Mittelungen ein zusätzlicher Zeitgewinn bei der Erstellung der Systemmatrix erreicht werden. Deshalb werden anhand der Messparameter des PCD-Datensatzes hybride Systemmatrizen ohne Mittelung, mit 10 Mittelungen und mit 100 Mittelungen erstellt.

Betrachtet man des Weiteren den Fall eines exakt linear verlaufenden Gradientenfeldes und eines homogenen Anregungsfeldes, so wird deutlich, dass die Werte der Felder H^S und H^A symmetrisch verlaufen. Deshalb liegt es nahe, nur eine Hälfte der Systemmatrix aufzunehmen und die andere Hälfte daraus zu berechnen. Diese Spiegelung lässt sich prinzipiell auf jede Methode zur Systemmatrixerstellung anwenden und wird ausführlich in Kapitel 7 besprochen. Im hier vorliegenden Fall gibt es durch die nicht zentrisch angeordnete Systemmatrix einen leichten Zentrumsverschub von 2,3 mm, sodass die Symmetrieachse ebenfalls um diesen Wert verschoben ist.

Durch den Zentrumsverschub im FOV entstehen zwei unterschiedlich große FOV-Hälften (vgl. Abbildung 5.2). Für die Spiegelung werden in diesem Kapitel alle Messungen $\hat{u}_k$ verwendet, für die $H^\mathrm{S}(x) \leq 0$ gilt, da sie die größere Hälfte des FOVs repräsentieren. Die Systemmatrix $S_k(x)$ wird unterteilt in $S_k^{\mathrm{left}}(x)$ und $S_k^{\mathrm{right}}(x)$. Dabei werden die nach Gleichung 5.2 korrigierten Werte $\hat{u}_k$ für $S_k^{\mathrm{left}}(x)$ verwendet. Für $S_k^{\mathrm{right}}(x)$ entfällt die Vorzeichenkorrektur, da $H^\mathrm{S}(x) > 0$ gilt. Allerdings müssen die Werte $\hat{u}_k$ in umgekehrter Reihenfolge, entsprechend den örtlichen Werten für $H^\mathrm{S}(x)$, zugeordnet werden. An dieser Stelle sei angemerkt, dass durch den Zentrumsverschub die Selektionsfeldwerte $H^\mathrm{S}(x)$ nicht exakt mit den simulierten Werten übereinstimmen.

5.3 Ergebnisse

Um die Eignung einer hybriden Systemmatrix zur Bildrekonstruktion zu demonstrieren, wird zunächst eine Untersuchung der Systemmatrix selbst vorgenommen. Dabei wird die Ähnlichkeit der Systemmatrix im Vergleich zur korrespondierenden roboterbasierten Systemmatrix untersucht, die Rückschlüsse auf mögliche Verbesserungen geben soll. Des Weiteren wird anhand eines Datensatzes der Einfluss der Signalmittelung auf die hybride Systemmatrix untersucht und durch Wiederverwendung von Messwerten eine reduzierte Anzahl an Messungen angestrebt. Bei den hybriden Systemmatrizen handelt es sich ausschließlich um Spektren, die bereits mit der Übertragungsfunktion korrigiert wurden.

In einem zweiten Schritt wird die Bildrekonstruktion mit einer hybriden Systemmatrix im Vergleich zur Rekonstruktion mit einer roboterbasierten Systemmatrix betrachtet. Aufbauend auf den in Abschnitt 5.3.1 vorgestellten Systemmatrizen wird eine qualitative Betrachtung der Rekonstruktion für beide Datensätze sowie die Systemmatrizen mit variierter Mittelungsanzahl und reduzierten Messwerten vorgenommen. Auf eine Fehlerberechnung wurde verzichtet, da die exakte Positionierung der Phantome nicht fehlerfrei bestimmt werden kann. Die rekonstruierten Partikelverteilungen wurden auf 1 normiert, damit ein qualitativer Vergleich durchgeführt werden kann ohne das Rauschen zu verstärken.

5.3.1 Qualität der Systemmatrix

Um eine Aussage über die Qualität einer Systemmatrix zu treffen, werden im Folgenden für ausgewählte Frequenzkomponenten deren Betrag $\|S_k\|$ sowie deren Phase $\phi\,(S_k)$ abgebildet. Dadurch können bei der Analyse der späteren Bildrekonstruktion bei Ungenauigkeiten der Rekonstruktion Rückschlüsse auf deren mögliche Ursachen gezogen werden.

In Abbildung 5.3 sind für die Frequenzkomponenten $k = 5$, $k = 10$ und $k = 15$ die hybride Systemmatrix mit 100 Mittelungen sowie die roboterbasierte Systemmatrix dargestellt. Die Amplitude der beiden Systemmatrizen ist in allen Ortspunkten sehr ähnlich und weicht auch bei höheren Frequenzkomponenten nur leicht voneinander ab. Auch die Phase ist vergleichbar, jedoch werden die Abweichungen bei höheren Frequenzkomponenten deutlich stärker. Dies ist durch die Abweichung von 252 Hz zwischen den Anregungsamplituden der Sequenzen zur Erstellung der roboterbasierten und der hybriden Systemmatrix zu erwarten. Weiterhin ist die Abweichung der Phase am Rand des FOVs größer als in der Mitte. Dies lässt vermuten, dass der lineare Bereich des Gradientenfeldes dort bereits leicht abweicht. Ein weiterer Einflussfaktor auf die Differenz in der Phase ist die Struktur des Rauschens, das bedingt durch die Sensitivität des Systems in höheren Frequenzkomponenten dominiert.

Insgesamt ist die Abweichung zwischen der hybriden Systemmatrix und der roboterbasierten Systemmatrix sehr gering, sodass eine reduzierte Mittelung bei der Signalakquisition in Betracht gezogen werden kann, um eine weitere Reduktion der Messzeit

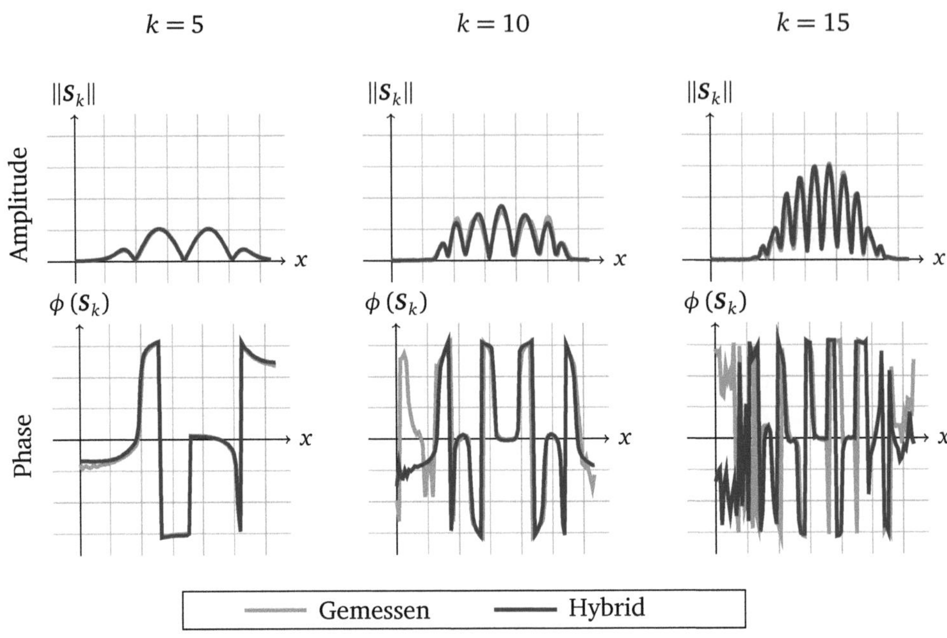

Abbildung 5.3: Darstellung der Amplitude und der Phase ausgewählter Systemmatrixkomponenten für eine gemessene Systemmatrix, aufgenommen mit dem PCD, und für eine hybride Systemmatrix, die mit Hilfe des MPS auf Basis der Sequenz des PCDs erstellt wurde.

zu erreichen. Dazu sind in Abbildung 5.4 die Amplitudenverläufe und in Abbildung 5.5 die Phasenverläufe für eine hybride Systemmatrix ohne Mittelungen, mit 10 Mittelungen und mit 100 Mittelungen gezeigt.

Die Ausprägung der Amplitude der hybriden Systemmatrizen ist bei niedrigen Frequenzkomponenten unabhängig von der gewählten Anzahl an Mittelungen. Erst bei höheren Amplituden, in Abbildung 5.4 erkennbar bei $k = 15$, tritt eine Abweichung auf. Die Ausprägung der Abweichung ist sehr stark von der Anzahl an Mittelungen abhängig. Bereits 10 Mittelungen genügen, um das maximale SNR mit dem verwendeten MPS zu erreichen. Der Einfluss des vorliegenden Rauschens auf das Signal ist insbesondere bei der Systemmatrix ohne Mittelung deutlich zu erkennen, da die wellenförmige Struktur der Amplitude aufgetragen über das FOV nicht mehr zu erkennen ist.

Bei der Betrachtung der Phase in Abbildung 5.5 lässt sich die Abweichung bei geringer Mittelungszahl bereits bei niedrigen Frequenzkomponenten beobachten. Dies wird besonders am Rand des FOVs sehr deutlich. Da die zugrundeliegende Simulation der Magnetfelder auf idealen Annahmen basiert, ist eine Abweichung mit steigender Entfernung zum Scanner-Mittelpunkt aufgrund des vergleichsweise großen

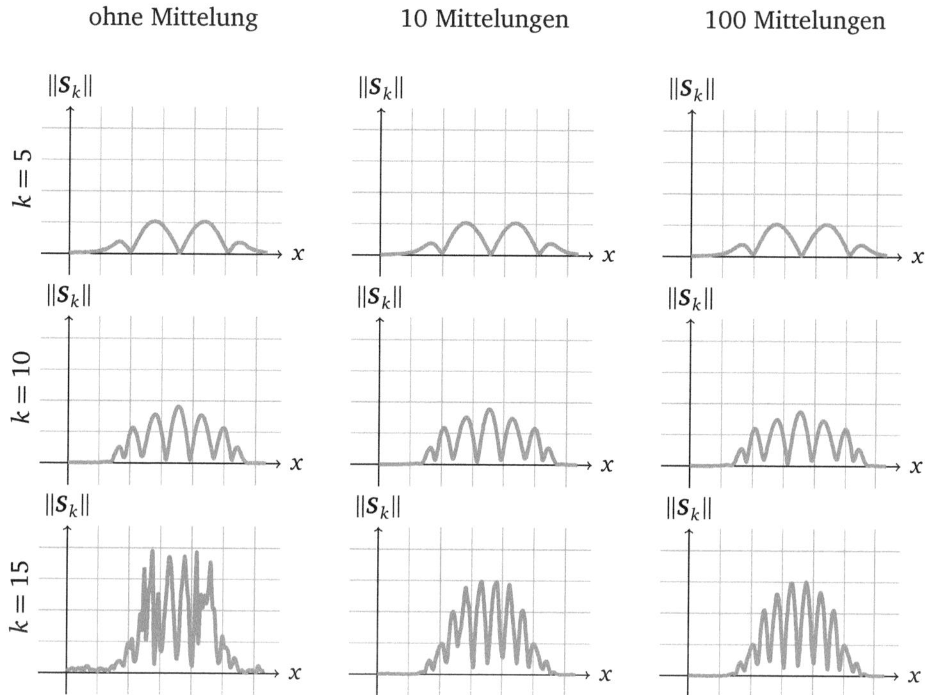

Abbildung 5.4: Darstellung der Amplitude für ausgewählte Frequenzkomponenten hybrider Systemmatrizen emuliert mit unterschiedlicher Mittelungsanzahl bei der Signalakquisition. Die Messung erfolgte mit dem MPS, dessen Magnetfeldkonfigurationen auf Grundlage der Sequenz des PCDs simuliert wurden.

Innendurchmessers von 119 mm sehr wahrscheinlich. In Übereinstimmung mit den Beobachtungen des Einflusses auf den Amplitudenverlauf der hybriden Systemmatrizen lässt sich auch beim Phasenverlauf erkennen, dass die Abweichung mit steigender Frequenzkomponente und sinkender Mittelungsanzahl zunimmt. Dennoch scheinen die Unterschiede der Phasenverläufe zwischen der Systemmatrix mit 10 Mittelungen und der Systemmatrix mit 100 Mittelungen hauptsächlich durch Rauscheinflüsse dominiert zu sein, denn der über das FOV aufgetragene Verlauf ist vergleichbar.

Die Ergebnisse zur Untersuchung der Qualität einer gespiegelten hybriden Systemmatrix sind in Abbildung 5.6 im Vergleich zu einer voll vermessenen hybriden Systemmatrix dargestellt. Dabei handelt es sich bei der linken Hälfte um die mit dem MPS emulierten Werte, deren zugrundeliegenden Magnetfeldwerte in Übereinstimmung mit den simulierten Werten sind. Die rechte Hälfte besteht aus den wiederverwendeten Werten mit zur Simulation leicht abweichenden Magnetfeldkonfigurationen. Zusätzlich wird die Spiegelachse gezeigt, da diese sich nicht exakt in der Mitte befindet. Sowohl Amplituden- als auch Phasenverlauf sind der voll aufgenommenen hybriden Systemmatrix sehr ähnlich. Bei höheren Frequenzkomponenten kommt es

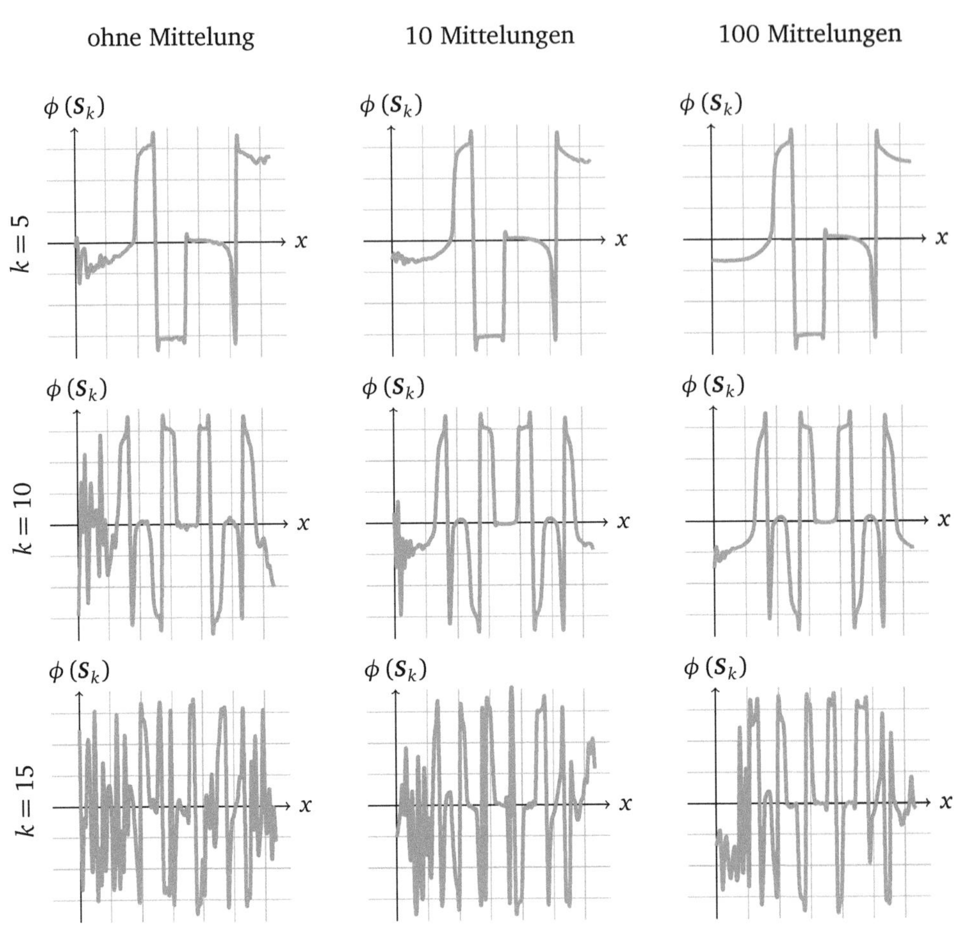

Abbildung 5.5: Darstellung der Phase hybrider Systemmatrizen emuliert mit unterschiedlicher Mittelungsanzahl bei der Signalakquisition für ausgewählte Frequenzkomponenten. Die Messung erfolgte mit dem MPS, dessen Magnetfeldkonfigurationen auf Grundlage der Sequenz des PCDs simuliert wurde.

insbesondere im Randbereich zu Abweichungen in der Phase, die durch die verschobene Spiegelachse zu erklären sind, denn mit steigendem Abstand zur Scanner-Mitte werden die Abweichungen zu den eigentlich anliegenden Magnetfeldwerten größer.

Die Systemmatrizen, die mit der SSD-Konfiguration erstellt wurden, können in Abbildung 5.7 nachvollzogen werden. Die Abweichung zwischen hybrider Systemmatrix und roboterbasierter Systemmatrix wird bei höheren Frequenzkomponenten stärker. Des Weiteren ist zu erkennen, dass die Abweichung bei größerem x insbesondere bei der Phase des Signals zunimmt. Dies lässt sich durch die sinkende Sensitivität mit wachsendem Abstand zur Scanner-Oberfläche erklären. Außerdem ist zu erwarten, dass die Simulation der Werte für H^S und H^A durch die hohe Inhomogenität des An-

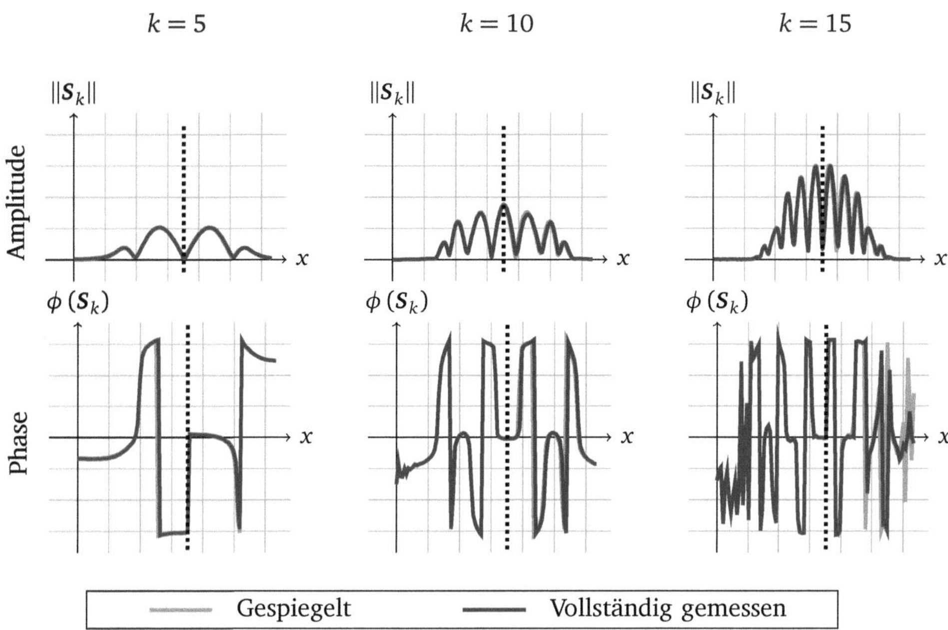

Abbildung 5.6: Darstellung von Amplitude und Phase ausgewählter Systemmatrix-komponenten für eine gespiegelte hybride Systemmatrix und eine voll aufgenommene hybride Systemmatrix. Die zugrundeliegende Sequenz entspricht der des PCDs. Die Spiegelachse ist gestrichelt dargestellt.

regungsfeldes desto ungenauer wird, je weiter sich die Position vom Scanner entfernt befindet. Dennoch ist der Verlauf der Amplitude und der Phase der hybriden System-matrix in guter Übereinstimmung mit der roboterbasierten Systemmatrix.

Zusammenfassend lässt sich sagen, dass sowohl für die annähernd ideal Feldgeometrie des PCDs als auch für den SSD-Datensatz, der starke Feldinhomogenitäten aufweist, eine gute hybride Systemmatrix erstellt werden konnte. Bei beiden Datensätzen konn-te gezeigt werden, dass die hybride Systemmatrix eine hohe Ähnlichkeit zum roboter-basierten Ansatz aufweist. Vor allem die unteren Frequenzkomponenten, die auch die meiste Information über die Partikelverteilung beinhalten, lassen sich gut emulieren. Bei den höheren Frequenzkomponenten, die für eine hohe Bildauflösung notwendig sind, sind klare Abweichungen zu erkennen, sodass ein Auflösungsverlust bei der Bild-rekonstruktion für die hybride Systemmatrix zu erwarten ist.

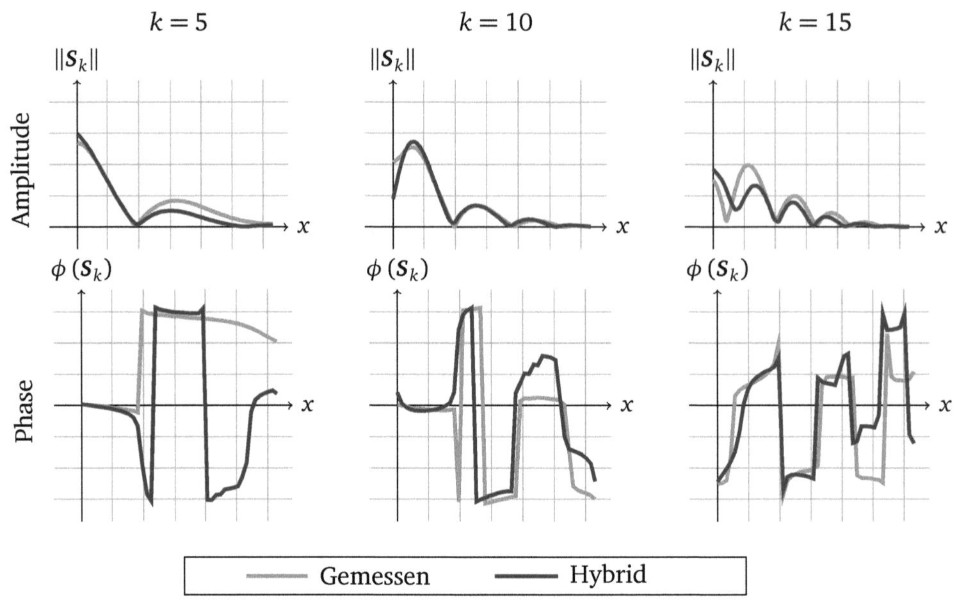

Abbildung 5.7: Darstellung von Amplitude und Phase ausgewählter Systemmatrix-komponenten für eine gemessene Systemmatrix eines SSDs im Vergleich zu einer hybriden Systemmatrix, die basierend auf der Sequenz des SSDs mit dem MPS gemessen wurde.

5.3.2 Qualität der Bildrekonstruktion

Nach der qualitativen Betrachtung der Systemmatrix, wird in diesem Abschnitt überprüft, ob eine Rekonstruktion mit einer hybriden Systemmatrix zufriedenstellende Ergebnisse liefert. Dabei wird auf die in Abschnitt 5.3.1 gezeigten Systemmatrizen zurückgegriffen.

In Abbildung 5.8 sind die Rekonstruktionsergebnisse der roboterbasierten und der hybriden Systemmatrix im Vergleich zu den verwendeten Phantomen abgebildet. Insgesamt ist die Rekonstruktion mit der hybriden Systemmatrix vergleichbar mit der Rekonstruktion basierend auf der roboterbasierten Systemmatrix. Die rekonstruierte Signalbreite ist für Phantom A und C nahezu gleich. Bei Phantom B ist die Rekonstruktion mit der hybriden Systemmatrix etwas breiter, sodass eine leichte Auflösungseinbuße vorliegt. Außerdem kann man erkennen, dass das Rauschniveau bei Verwendung der hybriden Systemmatrix etwas höher ist. Dies wird vor allem bei Phantom C deutlich. Interessanterweise resultiert die Rekonstruktion des Phantoms B mit einer hybriden Systemmatrix, im Gegensatz zur Verwendung einer roboterbasierten Systemmatrix, in ähnlicher Signalhöhe für die beiden äußeren Zylinder. Die Rekonstruktion mit hybrider Systemmatrix ist demnach in größerer Übereinstimmung mit dem vorliegenden Phantom.

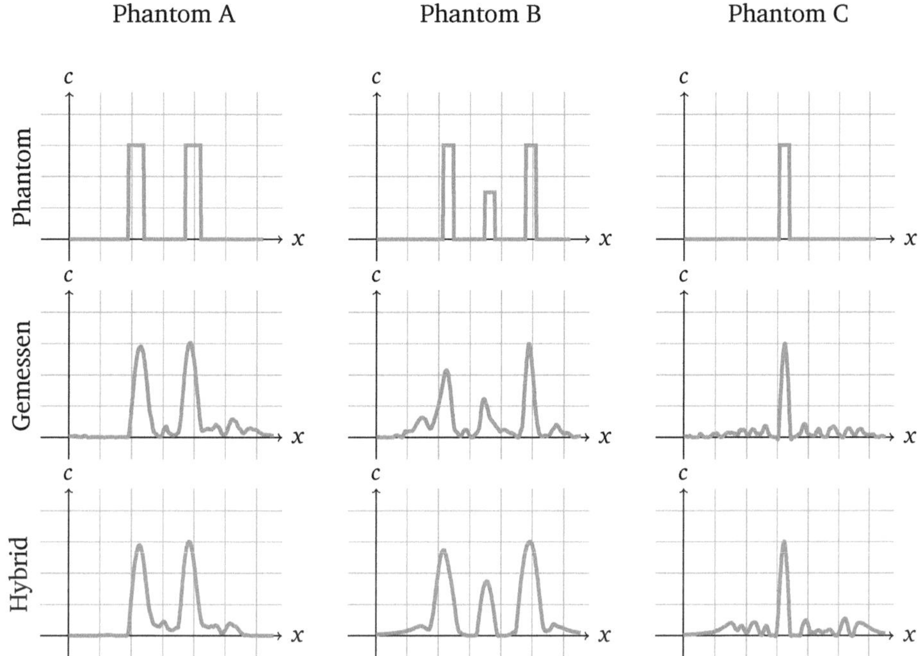

Abbildung 5.8: Bildrekonstruktionen von drei unterschiedlichen Datensätzen aufgenommen mit dem PCD unter Zuhilfenahme einer roboterbasierten und einer hybriden Systemmatrix. Die Aufnahme der hybriden Systemmatrix erfolgte mit 100 Mittelungen. Die rekonstruierte Partikelkonzentration ist auf 1 normiert.

Die Bildrekonstruktion bei Verwendung hybrider Systemmatrizen, die mit unterschiedlicher Mittelungsanzahl erstellt wurden, ist in Abbildung 5.9 dargestellt. Obwohl die Anzahl an Mittelungen einen sichtbaren Einfluss auf die Qualität der Systemmatrix hat (vgl. Abschnitt 5.3.1), sind die Abweichungen in den Rekonstruktionen so gering, dass sie nicht erkennbar sind. Dies lässt darauf schließen, dass die niedrigen Frequenzkomponenten in diesem Falle einen Großteil der Information tragen. Diese konnten bereits bei sehr wenigen Mittelungen gut repräsentiert werden. Daraus folgt, dass die hybride Systemmatrix für einen annähernd idealen Scanner in deutlich kürzerer Zeit akquiriert werden kann als eine roboterbasierte Systemmatrix, deren Mittelungsanzahl aufgrund der weiter entfernten Empfangsspulen nicht so stark reduziert werden kann.

In Abbildung 5.10 sind die Bildrekonstruktionsergebnisse für die gespiegelte Systemmatrix im Vergleich zur voll aufgenommen hybriden Systemmatrix dargestellt. Die rekonstruierte Partikelkonzentration weist nur sehr geringe Abweichungen auf. Ledig-

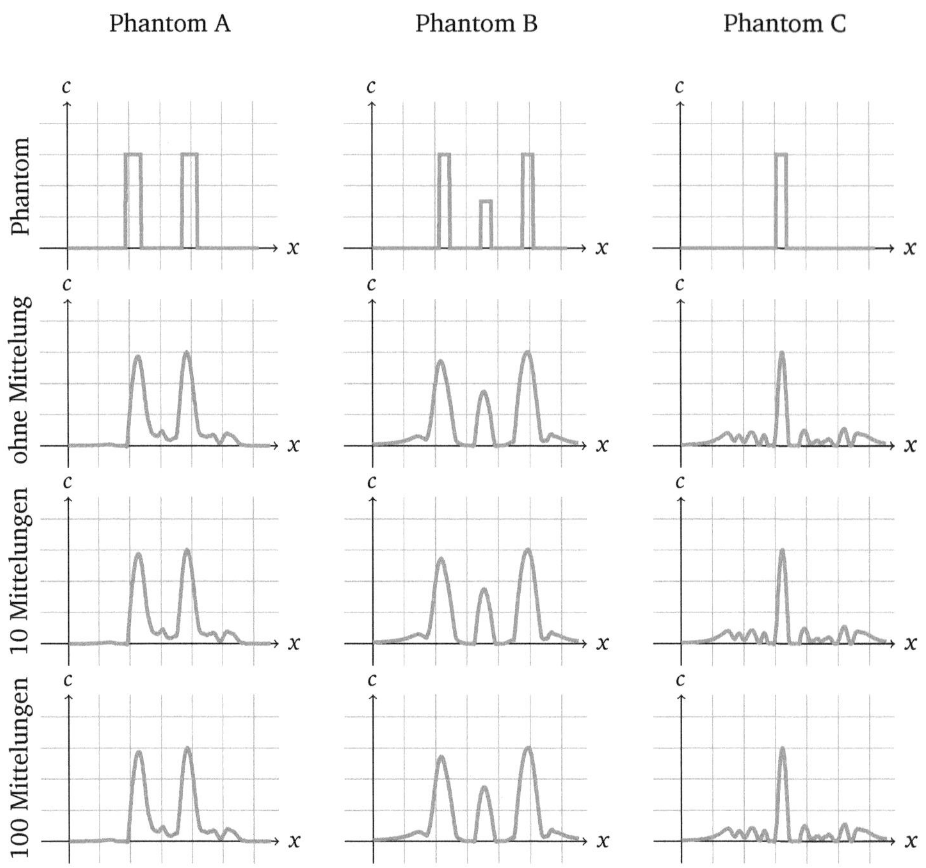

Abbildung 5.9: Bildrekonstruktion von drei unterschiedlichen Phantomen aufgenommen mit dem PCD und rekonstruiert mit einer hybriden Systemmatrix. Die Anzahl der Mittelungen bei Erstellung der Systemmatrix wurde variiert. Die rekonstruierte Partikelkonzentration ist auf 1 normiert.

lich bei Phantom A ist ein geringer Unterschied in der Signalhöhe der beiden lokalen Maxima zueinander wahrnehmbar, der durch die nicht zentrisch liegende Symmetrieachse zu erklären ist. Es sei jedoch angemerkt, dass die hohe Güte auch dadurch zu erklären ist, dass ein Großteil der zu rekonstruierenden Partikelkonzentration durch die linke Hälfte der Messungen kalibriert wird und die Abweichung der gespiegelten Systemmatrix nahe an der Spiegelachse sehr gering ist.

Die Ergebnisse der Rekonstruktion des Datensatzes, der mit einem SSD aufgenommen wurde, können in Abbildung 5.11 nachvollzogen werden. Wie aufgrund der abnehmenden Sensitivität zu erwarten, nimmt die Intensität der rekonstruierten Partikelverteilung mit Entfernung zum Scanner ab. Des Weiteren liegen, abhängig vom Phantom, jeweils ein oder zwei der Zylinder so weit vom Scanner entfernt, dass diese nicht mehr detektiert werden können.

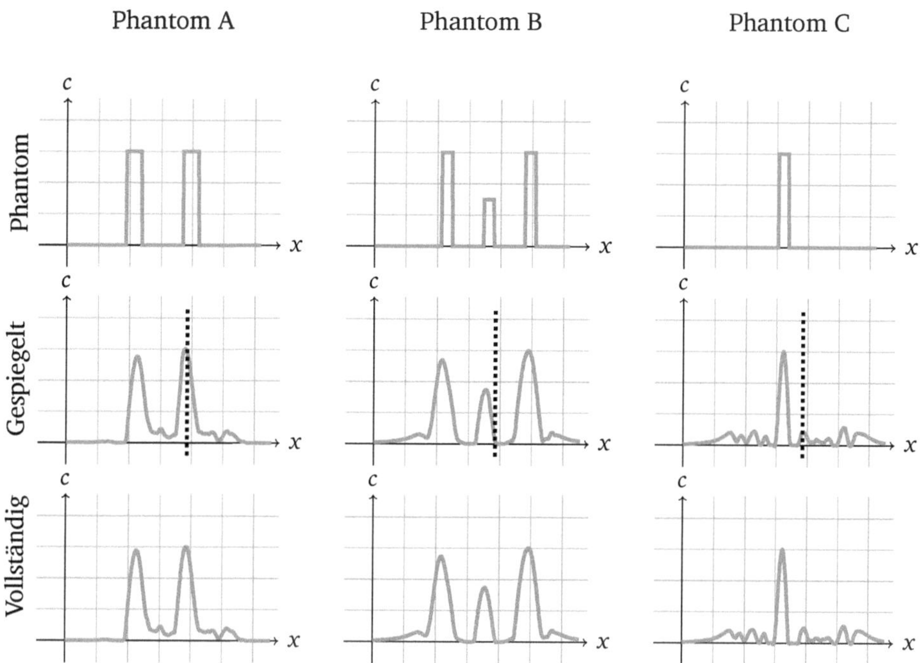

Abbildung 5.10: Bildrekonstruktion der PCD-Datensätze mit einer gespiegelten Systemmatrix im Vergleich zu einer vollständig aufgenommenen hybriden Systemmatrix. Die rekonstruierte Partikelkonzentration ist auf 1 normiert. Die Spiegelachse ist mit einer gestrichelten Linie dargestellt.

Die Ergebnisse, die mit der hybriden Systemmatrix erzielt werden können, sind im Vergleich zu einer roboterbasierten Systemmatrix mit steigender Entfernung zum Scanner verschwommen, sodass sich die Auflösung verringert. Dieser Effekt lässt sich mit den Fehlern in der Phase der Systemmatrix begründen. Dennoch scheint eine Rekonstruktion mit hybrider Systemmatrix für größere Entfernungen zum Scanner möglich zu sein, da, im Gegensatz zur roboterbasierten Systemmatrix, kein Signalabfall auf null zu verzeichnen ist. Für Phantom A lässt sich sogar in Ansätzen eine Rekonstruktion des letzten Phantomzylinders erkennen. Allerdings weicht die örtliche Zuordnung bei diesem Datensatz zwischen den beiden verwendeten Systemmatrizen ab. Da für die hybride Systemmatrix ein höheres SNR erwartet werden kann, ist eine genauere Untersuchung der gesteigerten Sensitivität sinnvoll.

Insgesamt liegt für beide Datensätze eine vergleichbare Rekonstruktionsqualität bei Verwendung einer hybriden oder einer roboterbasierten Systemmatrix vor. Dies lässt darauf schließen, dass die informationstragenden Frequenzkomponenten ausreichend gut emuliert werden konnten.

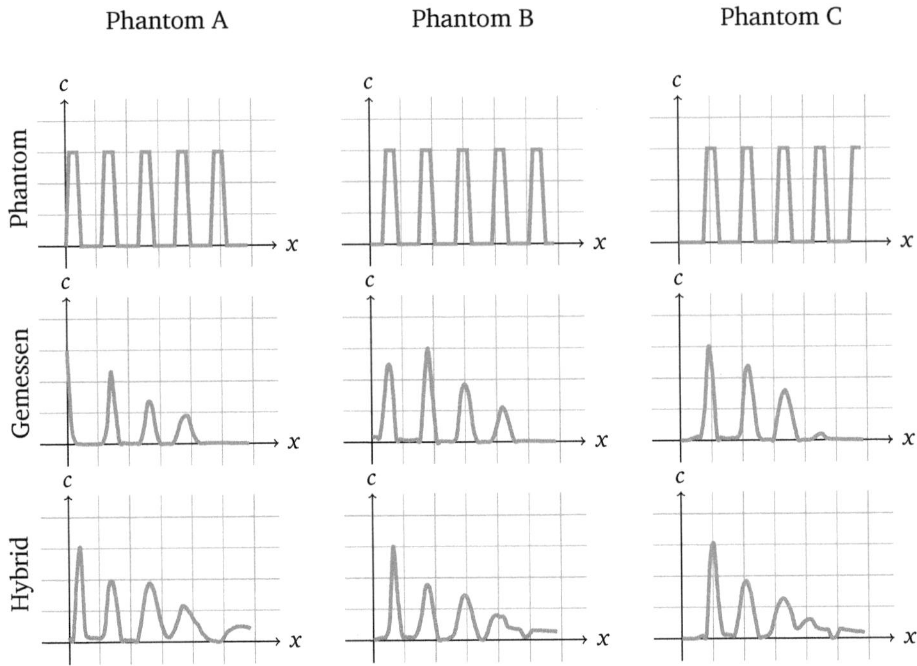

Abbildung 5.11: Bildrekonstruktion von drei unterschiedlichen Phantomen unter Zuhilfenahme einer roboterbasierten und einer hybriden Systemmatrix. Die Daten wurden mit einem SSD aufgenommen, der sich durch starke ortsspezifische Feldvariationen auszeichnet. Die rekonstruierte Partikelkonzentration ist auf 1 normiert.

5.4 Diskussion

Die experimentelle Validierung der hybriden Systemmatrix anhand von 1D-Daten ist sehr vielversprechend. Es konnte gezeigt werden, dass nicht nur Scanner-Topologien mit annähernd idealer Feldkonfiguration emuliert werden können, sondern auch die Systemmatrix eines SSDs, der einen hohen Grad an Feldinhomogenitäten und -nichtlinearitäten aufweist.

Anhand des PCD-Datensatzes wurden erste Untersuchungen angestellt, um einen optimalen Kompromiss zwischen Rekonstruktionsergebnis und Zeitaufwand zur Erstellung einer hybriden Systemmatrix zu evaluieren. Dabei konnte gezeigt werden, dass bereits eine geringe Mittelungsanzahl sehr gute Ergebnisse liefert, sodass der Zeitgewinn im Vergleich zu einer roboterbasierten Systemmatrix besonders hoch ist. Selbst bei Erstellung einer Matrix ohne Mittelungen war die Rekonstruktion trotz starker Abweichungen in den hohen Frequenzkomponenten der hybriden Systemmatrix sehr gut. Dies kann zwei Gründe haben. Entweder ist der überwiegende Informationsgehalt in den unteren Frequenzkomponenten kodiert oder die iterative Lösungsannäherung während des Rekonstruktionsprozesses kann die Abweichungen in hohen Frequenzkomponenten ausgleichen.

In einem weiteren Schritt muss nun geklärt werden, ob eine Erweiterung der hybriden Systemmatrix auf den mehrdimensionalen Fall ähnlich gute Ergebnisse erzielt. Allerdings ist dafür die Entwicklung eines Spektrometers notwendig, das eine mehrdimensionale Anregung emulieren kann. Weiterhin sollte das Spektrometer idealerweise auf die im Scanner verwendeten Frequenzen abgestimmt sein. Mit einem mehrdimensionalen MPS können die durch die überlagerten Anregungsfelder entstehenden Trajektorien emuliert werden. Diese haben aufgrund der Relaxation der Partikel einen großen Einfluss auf den Signalverlauf und somit das resultierende Spektrum.

Für eine weitere Verbesserung der hybriden Systemmatrix, die im mehrdimensionalen Fall deutlich größere Auswirkungen haben sollte, kann eine Analyse des Rauschmusters herangezogen werden. Die Rauscheinflüsse im Scanner und im MPS sind sehr unterschiedlich und können dazu führen, dass höhere Frequenzkomponenten nicht zusammen passen. Die Abweichungen in den hier vorgestellten Experimenten bestätigen diese Vermutung. Unter Umständen ist sogar eine Auflösungsverbesserung durch die hybride Systemmatrix denkbar, da das bessere SNR deutlich mehr für die Bildrekonstruktion nutzbare Harmonische zur Folge hat. In Ansätzen konnte diese Hypothese für den SSD-Datensatz nachgewiesen werden, da eine Rekonstruktion des Partikelsignals für größere Entfernungen zur Scanner-Oberfläche möglich ist. Des Weiteren könnten Feldabweichungen durch Referenzmessungen genauer bestimmt und die Übertragungsfunktion, zur besseren Anpassung der hybriden Systemmatrix an die Messdaten, gemessen werden.

Für die mehrdimensionale Anwendung der hybriden Systemmatrix ist die Messung der Partikelantwort zunächst unabhängig von einer Scanner-Topologie für definierte H^S- und H^A-Werte ein lohnender Anwendungsfall. Die so erstellte Datenbank kann anschließend als Grundlage für beliebige Scanner-Topologien genutzt werden. Die nicht enthaltenen Werte müssen durch Interpolation bestimmt werden. In der vorliegenden Arbeit wurde diese Technik für den eindimensionalen Fall durchgeführt indem eine hybride Systemmatrix zur Hälfte aufgenommen wurde und die Werte an der Spiegelachse wiederverwendet wurden. Da ein leichter Zentrumsverschub vorlag, gibt es eine leichte Abweichung zwischen den H^S-Werten, die durch eine Nächster-Nachbar-Interpolation approximiert wurden.

Das Potential einer hybriden Systemmatrix für die Rekonstruktion von MPI-Bildern ist sehr groß. Einerseits sind alle wichtigen Informationen des Scanners durch die modellierte Feldkonfiguration und die Übertragungsfunktion enthalten. Andererseits lässt die tatsächliche Messung der Partikelantwort zu einer gegebenen Feldkonfiguration eine genau Abbildung des Partikelverhaltens zu. Damit wird ein guter Kompromiss zwischen Kalibrierzeit und Rekonstruktionsqualität gefunden.

Vergrößern des FOVs durch Patches

Werden Anregungsfelder für die FFP-Verschiebung verwendet, besteht der Nachteil darin, dass die Magnetfeldamplituden bezüglich medizinischer Sicherheitsfaktoren beschränkt sind. Nach ersten Versuchen [62, 113, 119] wird bereits deutlich, dass eine elektromagnetische FOV-Ausdehnung, wie in Abschnitt 3.1.1 beschrieben, unter Berücksichtigung der PNS und der SAR nur wenige Zentimeter abdecken können wird.

Um das Potential von MPI gänzlich auszuschöpfen, ist es notwendig, die FOV-Größenbeschränkungen durch alternative Bildgebungssequenzen zu kompensieren. Im Wesentlichen wurden dazu bisher zwei Verfahren vorgestellt und validiert: FOV-Patches an statischen Positionen [102, 103] und FOV-Patches, die kontinuierlich bewegt werden [104, 105].

In diesem Kapitel wird die Verwendung von statischen Patches betrachtet. Dazu wird eine Simulationsstudie unter Berücksichtigung der spezifischen Herausforderungen, die bei der Anwendung von Patches auftreten, durchgeführt und anschließend eine experimentelle Validierung vorgenommen. Abschließend werden die Ergebnisse diskutiert und mit verwandten Arbeiten, die kontinuierliche Fokusfelder betrachten, verglichen.

6.1 Motivation

Einige *in vivo* Applikationen, wie etwa die kardiovaskuläre Bildgebung, sind zwar auf eine schnelle Abdeckung der ROI angewiesen, benötigen jedoch nur Informationen aus einem vergleichsweise kleinen Bereich. Eine Vergrößerung des FOVs ist deshalb nicht zwingend notwendig, entscheidend ist die korrekte Platzierung des FOVs, damit die notwendigen Informationen in der Signalkodierung enthalten sind. Des Weiteren ist eine Erhöhung der Amplituden der Anregungsfelder aus technischen und medizinischen Gesichtspunkten limitiert und demnach die FOV-Größe beschränkt. Ist eine Vergrößerung der ROI notwendig, muss daher eine Möglichkeit gefunden werden, das FOV zu verschieben.

Als Lösungsansatz wurde das Konzept der FOV-Patches vorgestellt [102, 103]. Ziel ist es, ein kleines FOV an möglichst vielen Stellen in der ROI erzeugen zu können. Dabei ist es einerseits möglich, ein einzelnes Patch zielgerichtet auf die zu untersuchende Stelle im Objekt zu platzieren oder andererseits mehrere Patches zu verwenden und diese zu einem großen Bild zusammenzufügen.

In Abschnitt 6.1.1 wird erläutert, welche Möglichkeiten und unmittelbaren Einschränkungen bei der Bildgebung mit Patches entstehen. Anschließend wird der alternative Ansatz von kontinuierlichen Fokusfeldern vorgestellt, um eine Einordnung der nachfolgenden Ergebnisse in den wissenschaftlichen Stand der Technik zu ermöglichen.

6.1.1 Funktionsprinzip

Die Grundidee bei der Verwendung von Patches besteht darin eine ROI abzubilden, deren Ausdehnung mit einem einzelnen FOV aufgrund von PNS, SAR oder Beschränkungen der elektrischen Leistung nicht möglich ist. Dazu lassen sich viele kleine FOVs, die die Beschränkungen nicht verletzen und im Folgenden als Patch bezeichnet werden, verwenden.

Lässt man zunächst die technische Realisierung außer Acht, lassen sich die Patches an beliebigen statischen Positionen erzeugen und anschließend zu einem Bild kombinieren. Auf diese Weise lässt sich, ähnlich wie in Abbildung 6.1 dargestellt, ein bestimmter Bereich, wie zum Beispiel eine Arterie oder ein Ansammlung von Lymph-knoten [67, 101], abdecken. Im Folgenden wird jedoch davon ausgegangen, dass die Patches in einem Gitter angeordnet sind und so im zweidimensionalen Fall eine recht-eckige Abdeckung erreichen (vgl. Abbildung 6.1).

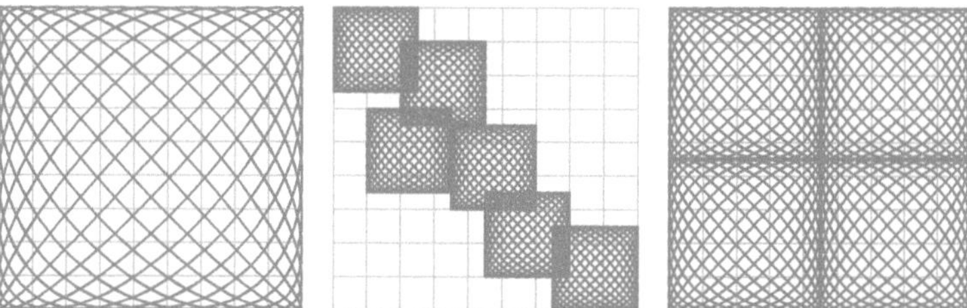

Abbildung 6.1: Statt eines großen FOVs (links), das die ROI komplett abdeckt, kann eine partielle Abtastung durch Patches mit beliebigen Positionen (mittig) oder eine volle Abtastung mit Patches in einer Gitteranordnung (rechts) erfolgen.

Die praktische Umsetzung von Patches stellt hohe technische Herausforderungen an das Spulen-Design eines Scanners. Damit ein Patch an jede beliebige Position im Scan-ner verschoben werden kann, müssen die Stromwerte der Spulen entsprechend ma-nipulierbar sein. Daraus resultierend wurden verschiedene Arbeiten zu kombinierten Selektions- und Fokusfeldgeneratoren veröffentlicht, die eine komplexe Spulenopti-mierung [34] und -ansteuerung [70, 120] für eine effiziente Bildgebung mit Patches benötigen.

6.1.2 Alternative Ansätze

Da eine schnelle Abdeckung der ROI, die durch die Anregungsfelder ermöglicht wird, ein wichtiges Kriterium für verschiedene medizinische Applikationen ist, wurde vor-geschlagen, die FOV-Größe mittels zusätzlicher Felder zu vergrößern [68, 105]. Diese Felder, genannt Fokusfelder, zeichnen sich in der Regel durch eine hohe Amplitude bei gleichzeitig niedriger Frequenz aus, sodass trotz des größeren FOVs keine medizini-schen Bedenken für den Patienten zu erwarten sind.

Die einfachste Anwendung besteht in der zusätzlichen linearen Verschiebung des Pat-ches durch ein Fokusfeld, die einer kontinuierlichen Verschiebung des FOVs über die Zeit gleichkommt [105]. Diese kann sowohl elektromagnetisch als auch mechanisch, wie etwa mittels eines Tischvorschubes, erfolgen. In Abbildung 6.2 ist exemplarisch die eindimensionale, lineare Verschiebung eines zweidimensionalen FOVs abgebildet. Es sei an dieser Stelle angemerkt, dass eine beliebige Kombination eines 1D-, 2D- oder 3D-FOVs mit einer linearen Verschiebung in ein, zwei oder drei Dimensionen realisierbar ist. Dabei ist beispielsweise auch ein Auseinanderziehen eines 2D-FOVs in die dritte Dimension möglich [31].

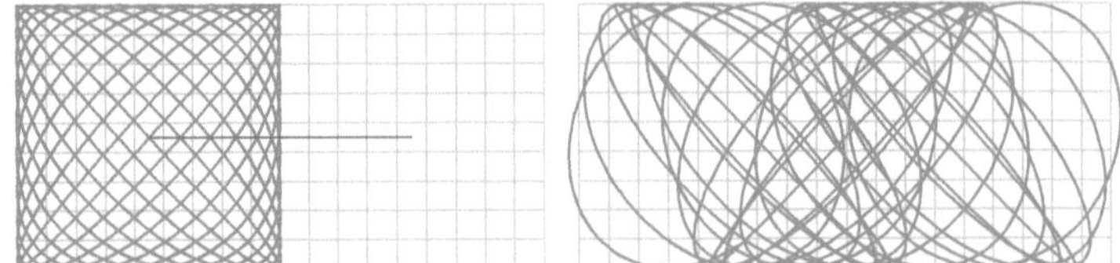

Abbildung 6.2: Eindimensionale Verschiebung eines 2D-FOVs. Links sind das durch die Anregungsfelder generierte FOV (orange) und das Fokusfeld (blau) einzeln dargestellt. Auf der rechten Seite ist die resultierende Überlagerung der beiden Felder zu sehen.

Für eine schnelle mehrdimensionale Verschiebung ist die Anwendung komplexer Fokusfelder notwendig, die in aller Regel, ähnlich dem Anregungsfeld, einen sinusförmigen Verlauf aufweisen [65, 99, 100, 104, 105]. So lässt sich, wie in Abbildung 6.3 dargestellt, eine dichte Lissajous-Trajektorie mit einer weniger dichten Trajektorie überlagern.

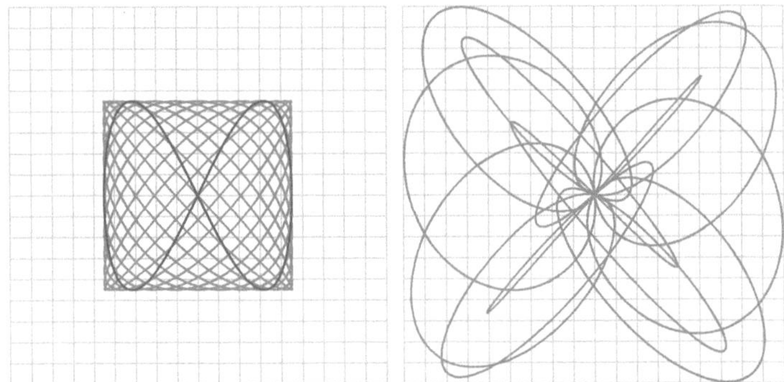

Abbildung 6.3: Komplexe Verschiebung eines 2D-FOVs mittels Fokusfeld. Links sind das durch die Anregungsfelder generierte FOV (orange) und das Fokusfeld (blau) einzeln dargestellt. Beide Trajektorien basieren auf sinusförmigen Zeitverläufen und bilden eine Lissajous-Figur aus. Auf der rechten Seite ist die resultierende Überlagerung der beiden Felder zu sehen.

Für die Gesamtgröße des FOVs, abhängig von den Anregungsfeldamplituden A_x, A_y und A_z, den Fokusfeldamplituden $A_x^{\text{FF}}, A_y^{\text{FF}}$ und A_z^{FF} und der Gradientenstärke G, lässt sich die Ausdehnung mit

$$\left[\frac{A_x + A_x^{\text{FF}}}{G_x}, -\frac{A_x + A_x^{\text{FF}}}{G_x}\right] \times \left[\frac{A_y + A_y^{\text{FF}}}{G_y}, -\frac{A_y + A_y^{\text{FF}}}{G_y}\right] \times \left[\frac{A_z + A_z^{\text{FF}}}{G_z}, -\frac{A_z + A_z^{\text{FF}}}{G_z}\right] \tag{6.1}$$

angeben.

Ein wichtiger Aspekt bei der Anwendung von Fokusfeldern ist die Systemmatrix. Es ist einerseits möglich, die Systemmatrix für die Gesamtgröße des FOVs nach Gleichung 6.1 zu erstellen oder die Systemmatrix für das kleine FOV (analog zu Gleichung 2.11) zu generieren und anschließend angepasst an die Fokusfeldbewegung zu verwenden [99, 105].

6.2 Material und Methoden

Bei der Bildgebung mit MPI ist es möglich, die Größe des FOVs an die vorliegenden Gegebenheiten anzupassen, um so beispielsweise die Dichte der Trajektorie zu erhöhen. Dies kann man sich auch bei der Verwendung von Patches zu Nutze machen. Dabei ist es jedoch sehr wahrscheinlich, dass Partikel an Positionen vorhanden sind, die nicht von der Trajektorie abgetastet werden. Dennoch können diese Partikel ein Signal induzieren, sofern sie dicht neben der Trajektorie liegen. Entspricht in einem solchen Fall die Größe der Systemmatrix der FOV-Größe, kann die so gewonnene Information nicht der entsprechenden Position zugeordnet werden, sondern wird an eine andere im FOV liegende Stelle rekonstruiert. Der daraus resultierende Effekt wird als Trunkationsartefakt bezeichnet, da die außerhalb der Trajektorie liegende Information durch eine trunkierte Signalkodierung nicht adäquat abbildet werden kann. Diese Problematik kann auch bei der Verwendung eines großen FOVs auftreten, ist jedoch im Falle der Patches insbesondere durch das anschließende Zusammensetzen der Bildinformation ein störender Einfluss. In Abbildung 6.4 ist der Effekt von Trunkationsartefakten zu beobachten.

In dieser Arbeit werden zwei Möglichkeiten der Anordnung von Patches diskutiert. Dabei geht es primär darum, durch Überschneidungsbereiche Informationsgewinn zu erhalten. Anschließend soll darauf aufbauend diskutiert werden, wie die dadurch entstehende Informationsredundanz für eine Verbesserung der Rekonstruktion in Hinblick auf die Trunkationsartefaktreduktion erreicht werden kann. In einem zweiten Schritt wird der Einfluss der gewählten Trajektorie untersucht. Dazu werden die in dieser Arbeit verwendeten Trajektorien vorgestellt.

6.2.1 Anordnung der Patches

Im vorliegenden Beispiel wird eine zweidimensionale ROI in vier Patches unterteilt, die gitterförmig angeordnet sind. Zunächst wird davon ausgegangen, dass die Patches sowie deren individuelle Systemmatrizen, deren Größe der Patch-FOV-Größe

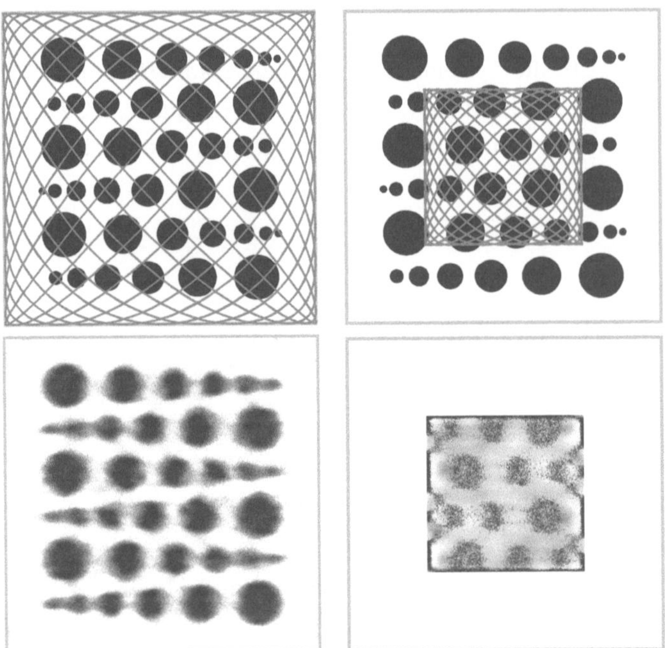

Abbildung 6.4: Werden die in der ROI enthaltenen Partikel durch das FOV abgedeckt, ist eine artefaktfreie Rekonstruktion möglich (links). Befinden sich Partikel außerhalb des FOVs, kann die im Messsignal enthaltene Information nicht zugeordnet werden und Trunkationsartefakte entstehen. Diese äußern sich in einem leichten Verschmieren über das gesamte Bild und einer starken Akkumulation einer rekonstruierten Partikelkonzentration am Rand (rechts).

entspricht, keine Überschneidung aufweisen. Um eine Minimierung der auftretenden Trunkationsartefakte zu erreichen, werden zwei verschiedene Überschneidungsfälle betrachtet.

Einerseits wird untersucht, wie sich eine Überschneidung der Trajektorien des Patch-FOVs auf die Trunkationsartefakte auswirkt. Dazu werden die Größe der Patches und der korrespondierenden Systemmatrizen konstant gehalten während sie so verschoben werden, dass es zu einer Überschneidung der Trajektorien kommt. Eine Visualisierung der Trajektorienüberschneidung bezüglich des Verschubs eines Patches und aller Patches kann in Abbildung 6.5 nachvollzogen werden. Dabei ist zu beachten, dass auch eine Verschiebung und somit Überschneidung der Systemmatrizen vorliegt.

Andererseits soll der Einfluss sich überschneidender Systemmatrizen unabhängig von der Trajektorienüberschneidung untersucht werden. Dabei verbleiben die Patch-FOVs in der Ausgangsposition und die Systemmatrizen werden schrittweise vergrößert. So entsteht eine Überschneidung des Rekonstruktionsbereiches jedoch nicht der Trajektorien selbst. In Abbildung 6.6 ist dies für ein Patch sowie für die Kombination aller Patches dargestellt. Es sei angemerkt, dass die Systemmatrizen jeweils nur in die zwei

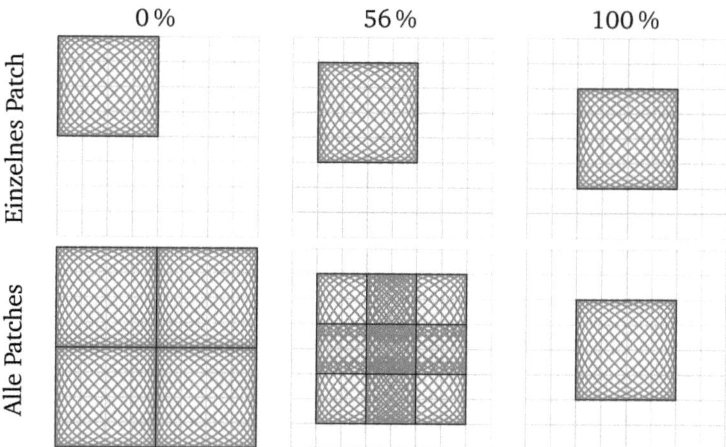

Abbildung 6.5: Um eine Trajektorienüberschneidung zu erreichen, werden die Patches (Trajektorie sowie Systemmatrix) verschoben. Der dabei entstehende Überschneidungsbereich, der im prozentualen Verhältnis zur Abdeckung durch die ROI angegeben wird, ergibt eine Informationsredundanz, die für eine verbesserte Rekonstruktion genutzt werden kann.

Richtungen mit benachbarten Patches vergrößert werden, da für die in dieser Arbeit durchgeführten Experimente sichergestellt ist, dass kein Partikelsignal außerhalb der ROI erzeugt wird (vgl. Abbildung 6.6).

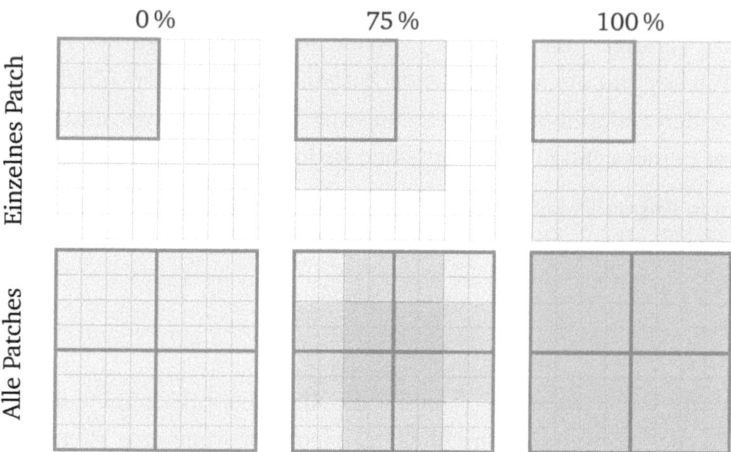

Abbildung 6.6: Um eine Systemmatrixüberschneidung zu erreichen, werden Größe und Position der Patch-FOVs konstant gewählt (orange Umrandung) und die Systemmatrixgröße erhöht (orange Schraffierung). Der dabei entstehende Überschneidungsbereich, der im prozentualen Verhältnis zur Abdeckung durch die ROI angegeben und durch die dunkleren Bereiche kenntliche gemacht wird, ergibt eine Informationsredundanz, die für eine verbesserte Rekonstruktion genutzt werden kann.

Im Folgenden werden die beiden Fälle kurz mit Überschneidung der Trajektorie und Überschneidung der Systemmatrix bezeichnet. An dieser Stelle sei angemerkt, dass im Fall der Trajektorienüberschneidung die Größe der ROI abhängig von der Größe der Überschneidung ist. Dies trifft auf den Fall der Systemmatrixüberschneidung nicht zu. Weiterhin werden in dieser Arbeit die beiden Überschneidungsarten zunächst getrennt voneinander betrachtet. Eine Kombination aus beiden wird in den Experimenten aufgegriffen.

In der Ergebnisbeschreibung wird der Überschneidungsbereich von Patches prozentual angegeben, wobei 0 % dem Aneinanderliegen der Patches ohne Überschneidung entspricht, 50 % eine Überschneidung der Hälfte der Bildpunkte abbildet und 100 % eine komplette Überlagerung aller Patches bedeutet. An dieser Stelle sei für die spätere Interpretation der Ergebnisse angemerkt, dass eine lineare Erhöhung der Überschneidung in Bezug auf die Pixel eine nichtlineare Überschneidung in Prozent zur Folge hat. Außerdem ist der prozentuale Zuwachs der Überschneidung für die beiden Überschneidungstypen unterschiedlich.

6.2.2 Strategien zur Nutzung der Informationsredundanz

Die durch den Überschneidungsbereich entstehende Datenredundanz kann für eine Reduktion der Trunkationsartefakte genutzt werden. Dabei werden in dieser Arbeit zwei Ansätze verfolgt. Einerseits die voneinander unabhängige Rekonstruktion der einzelnen Patches und die anschließende Zusammenführung der überlappenden Bereiche und andererseits die simultane Rekonstruktion der Patches in einem Gleichungssystem unter Berücksichtigung der örtlichen Redundanz der Systemmatrixeinträge.

Für den ersten Ansatz ist zunächst die Rekonstruktion der einzelnen Patches p_i durch das Gleichungssystem

$$S_{p_i} c_{p_i} = \hat{u}_{p_i} \tag{6.2}$$

mit $c_{p_i} \in \mathbb{R}^P, \hat{u}_{p_i} \in \mathbb{C}^{DK}, S_{p_i} \in \mathbb{C}^{P \times DK}$ und P die Anzahl der Bildpunkte der Systemmatrix eines Patches notwendig. Anschließend bieten sich mehrere Möglichkeiten, die sich überschneidende Information zu kombinieren. In Abbildung 6.7 werden die in dieser Arbeit vorgestellten Möglichkeiten illustriert. Dabei werden die mehrfach rekonstruierten Bildpunkte auf verschiedene Weise gewichtet miteinander verrechnet. Die Ansätze umfassen das Abschneiden der überschüssigen Information, das Mitteln der sich überlappenden Bildpunkte und die zum Rand hin abfallende Gewichtung, die sich in lineare und $\sin^2$-förmige Gewichtung unterteilt.

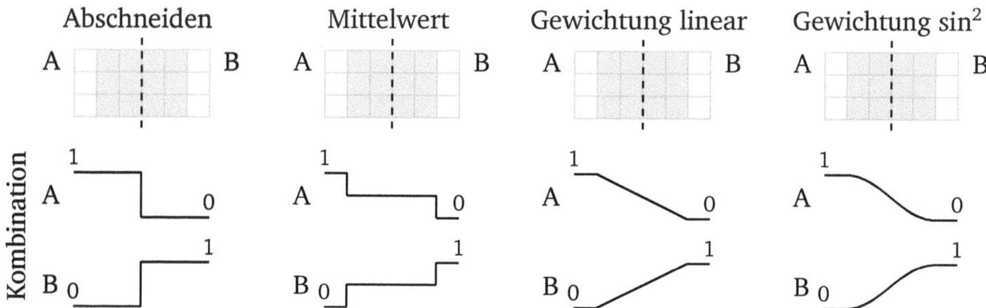

Abbildung 6.7: Die Überschneidungsbereiche von zwei Patches (dargestellt in grau) lassen sich auf unterschiedliche Weise miteinander kombinieren. Abhängig von der verwendeten Technik werden die Bildpunkte der Patches A und B gewichtet zwischen 0 und 1 für das Endresultat addiert. Die Mitte der ROI wird durch die gestrichelte Linie visualisiert.

Im zweiten Fall ist das Aufstellen eines großen Gleichungssystems

$$S^{\mathrm{ROI}} c = \hat{u} \tag{6.3}$$

notwendig, dessen Resultat der örtlichen Verteilung der Partikelkonzentration in der ROI $c \in \mathbb{R}^R$ entspricht. Da das Messsignal der einzelnen Patches durch Konkatenation kombiniert werden muss, erhöht sich die Größe um das Vielfache der Anzahl der Patches N_{p_i} zu $\hat{u} \in \mathbb{C}^{N_{\mathrm{p}_i} DK}$. Dementsprechend ergibt sich für die Größe der Systemmatrix $S^{\mathrm{ROI}} \in \mathbb{C}^{R \times N_{\mathrm{p}_i} DK}$.

Da die Größe der Systemmatrizen der einzelnen Patches $S_{\mathrm{p}_i} \in \mathbb{C}^{P \times DK}$ entspricht, gilt bei einer vorliegenden Überschneidung, dass $\sum_{N_{\mathrm{p}_i}} P \geq R$, da je nach Überschneidungsgrad einige Ortspunkte in mehreren Patches enthalten sein können. Deshalb ist es notwendig, für die Rekonstruktion in einem Gleichungssystem, wie in Gleichung 6.3 angegeben, die Systemmatrizen der Patches so zu kombinieren, dass eine Zuordnung der mehrfach vermessenen Ortspunkte der ROI zueinander erfolgt. Das heißt alle Bildpunkte, die in mehreren Patches enthalten sind, müssen in der kombinierten Systemmatrix derselben örtliche Position $S^{\mathrm{ROI}}(r)$ zugeordnet werden. Dazu wird die Funktion Υ eingeführt, die eine Kombination zweier Systemmatrizen unter Berücksichtigung der korrespondierenden Ortskomponenten durchführt. Für den hier vorliegenden Fall kann die Systemmatrix der ROI mit

$$S^{\mathrm{ROI}} = \Upsilon\left(\Upsilon\left(S_{\mathrm{p}_1}, S_{\mathrm{p}_2}\right), \Upsilon\left(S_{\mathrm{p}_3}, S_{\mathrm{p}_4}\right)\right) \tag{6.4}$$

für eine kombinierte Rekonstruktion bestimmt werden. In Abbildung 6.8 wird die Funktionsweise der Funktion Υ visualisiert.

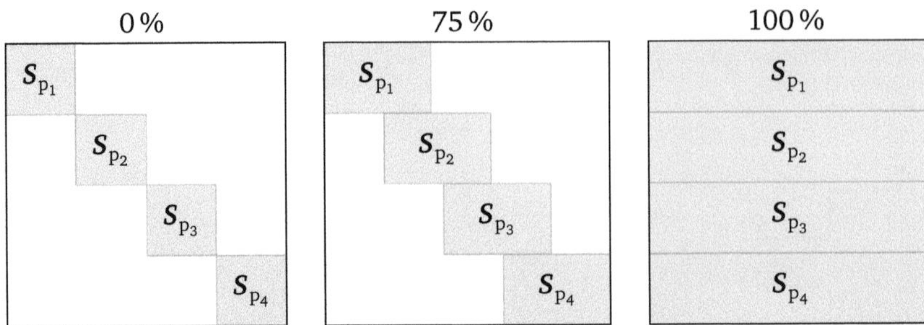

Abbildung 6.8: Mit wachsender prozentualer Überschneidung der Ortskomponenten der Systemmatrizen nimmt die Redundanz in der vorliegenden Information über die ortsabhängigen Partikelcharakteristika zu. Hier visualisiert die Breite jeder Systemmatrix deren Anzahl an vermessenen Ortskomponenten und die Höhe der Systemmatrix deren Anzahl an Frequenzkomponenten. Bei einer Überschneidung von 0 % gibt es keine Redundanz. Dahingegen stellt die Überschneidung von 100 % die maximal mögliche Redundanz dar, da alle Ortspunkte von jeder Systemmatrix erfasst werden.

In Tabelle 6.1 sind die verschiedenen Methoden zur Trunkationsartefaktreduktion, die in dieser Arbeit betrachtet werden, zusammengefasst. An dieser Stelle sei angemerkt, dass die beschriebenen Methoden für die Trajektorienüberschneidung und die Systemmatrixüberschneidung gleichermaßen angewendet werden.

Tabelle 6.1: Der durch die Überschneidung gewonnene Informationsgewinn kann für eine verbesserte Rekonstruktion verwendet werden. Die dazu verwendete Trunkationsartefaktreduktionsmethode ist abhängig von der gewählten Rekonstruktionsart.

Rekonstruktion	Informationsredundanz
	Abschneiden
individuelle	Mittelwert
Patch-Rekonstruktion	Linear gewichtet
	$\sin^2$-förmig gewichtet
Rekonstruktion in einem Gleichungssystem	Kombination über die Funktion Υ

6.2.3 Trajektorienanalyse für Patches

Bereits recht früh in der Entwicklung des MPI wurde untersucht, ob es sinnvolle Alternativen zur Lissajous-Trajektorie gibt [85]. Es konnte gezeigt werden, dass die Lissajous-Trajektorie aufgrund der gleichmäßigen Abdeckung des FOVs und der einfachen technischen Realisierung als sehr gute Wahl gilt.

Im hier vorliegenden Fall der Patches kann sich eine dichte Abtastung des Randes bezüglich der Trunkationsartefakte jedoch als nachteilig erweisen, weshalb eine Trajektorienstudie für diesen Spezialfall sinnvoll ist [40–42]. Dazu sollen die in Abbildung 6.9 gezeigten Trajektorien miteinander verglichen werden. Aufgrund der unterschiedlichen Trajektorienformen wird auch der Einfluss des Überschneidungsbereichs untersucht.

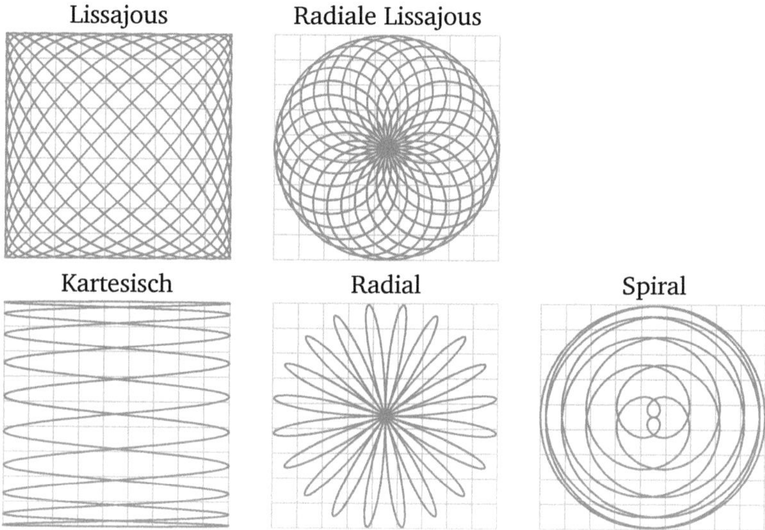

Abbildung 6.9: Verwendete Abtasttrajektorien zur Untersuchung des Einflusses des FFP-Pfads und der Überschneidung bei der Verwendung von Patches.

Alle hier verwendeten Trajektorien haben den Vorteil, dass sie durch geeignete Kombination von Sinusfunktionen entstehen und somit technisch einfach zu realisieren sind.

Als Vergleichskriterium wird die Repetitionszeit der Trajektorien verwendet. Hierfür wird, analog zu Gleichung 2.12, eine Basisfrequenz f_b herangezogen. Da für die hier verwendeten Trajektorien jeweils zwei Frequenzen benötigt werden, wird die Repetitionszeit mit $T^{\mathrm{rep}} = \frac{N(N-1)}{f_b}$ angegeben.

Für die Generierung der Trajektorien ist das Frequenzverhältnis sehr wichtig. Für die Lissajous- und die radiale Lissajous-Trajektorie wird das Verhältnis $f_1 = \frac{(N-1)}{N} f_2$ und für die radiale, spirale sowie kartesische Trajektorie $f_1 = (N-1) f_2$ verwendet. Für alle Trajektorien gilt, dass $f_1 = \frac{f_b}{N}$ entspricht. Für die Lissajous- und die radiale Lissajous-Trajektorie ergibt sich unter Berücksichtigung der Repetitionszeit für die zweite Frequenz $f_2 = \frac{f_b}{N-1}$. Für die übrigen Trajektorien gilt $f_2 = \frac{f_b}{(N-1)N}$.

Analog zu [85] und [41] können abhängig von den Frequenzen f_1 und f_2 die Funktionen zur Signalgenerierung bestimmt werden. In Tabelle 6.2 werden diese für eine zweidimensionale Ausdehnung der Trajektorien angegeben.

Tabelle 6.2: Übersicht des Verhältnisses der Anregungsfrequenzen sowie deren Kombination zur Erzeugung der FFP-Trajektorien.

Trajektorie	Frequenz-verhätlnis	Formel/Sequenz
Lissajous		$H^A(t) = \begin{pmatrix} A_x \sin(2\pi f_1 t) \\ A_y \sin(2\pi f_2 t) \end{pmatrix}$
Radiale Lissajous	$f_1 = \frac{(N-1)}{N} f_2$	$H^A(t) = \begin{pmatrix} A_x \sin(2\pi f_1 t) \cos(2\pi f_2 t) \\ A_y \sin(2\pi f_2 t) \sin(2\pi f_1 t) \end{pmatrix}$
Kartesisch		$H^A(t) = \begin{pmatrix} A_x \sin(2\pi f_1 t) \\ A_y \sin(2\pi f_2 t) \end{pmatrix}$
Radial	$f_1 = (N-1) f_2$	$H^A(t) = \begin{pmatrix} A_x \sin(2\pi f_1 t) \sin(2\pi f_2 t) \\ A_y \sin(2\pi f_2 t) \cos(2\pi f_1 t) \end{pmatrix}$
Spiral		$H^A(t) = \begin{pmatrix} A_x \sin(2\pi f_1 t) \cos(2\pi f_2 t) \\ A_y \sin(2\pi f_2 t) \sin(2\pi f_1 t) \end{pmatrix}$

Der Faktor N beeinflusst die Dichte und die Repetitionszeit der Trajektorien. Bestehende Scanner, die eine Lissajous-Trajektorie verwenden, werden typischerweise auf $N = 33$ ausgelegt [65, 116, 131]. Deshalb wird für die Trajektorienstudie ebenfalls $N = 33$ gewählt.

6.3 Simulationsstudie

Für eine erste Evaluierung der in Abschnitt 6.2 vorgestellten Methoden bei Verwendung von Patches wird eine Simulationsstudie durchgeführt. Hierfür werden zunächst die Simulationsparameter eingeführt. Anschließend werden die Ergebnisse zur Nutzung der Informationsredundanz und der Trajektorienanalyse für die beiden Überschneidungsmöglichkeiten präsentiert.

6.3.1 Simulationsparameter

Um eine realistische Abschätzung zur Eignung der vorgeschlagenen Verfahren zu treffen, ist bei der Datensimulation eine Betrachtung des Rauschens notwendig. In dieser Arbeit werden, wie in [128] vorgeschlagen, verschiedene Rauschquellen in einem Parameter zusammengefasst. Dieser wird im Folgenden als Rauschwiderstand R^{Rauschen} bezeichnet. In [128] wurde als untere Rauschgrenze das Patientenrauschen experimentell zu $R^{\text{Rauschen}} \sim 0,185\,\text{m}\Omega$ bestimmt. Anhand des Rauschwiderstandes lässt sich das durch Rauschen verursachte Spannungssignal

$$u^{\text{Rauschen}} = 4k_B T^{\text{Rauschen}} \Delta f R^{\text{Rauschen}} \tag{6.5}$$

bestimmen, wobei k_B die Boltzmann-Konstante, T^{Rauschen} die Temperatur des Patienten und Δf die Bandbreite der induzierten Spannung bezeichnen.

Im Verlauf der nächsten beiden Kapitel werden verschiedene Rekonstruktionen miteinander verglichen und, soweit möglich, deren Abweichung zum verwendeten Phantom angegeben. Für eine geeignete Fehlerabschätzung wird der normalisierte mittlere quadratische Fehler herangezogen (engl. *normalized root-mean-square error*, NRMSE). Damit lässt sich für eine Bildrekonstruktion eine globale, quantitative Abschätzung zur Güte im Vergleich zum Phantom treffen. Der NRMSE ist definiert als

$$
\text{NRMSE} = \frac{\sqrt{\frac{\sum_{r=1}^{R}(\Phi(r)-c(r))^2}{R}}}{\max(\Phi(r)) - \min(\Phi(r))}, \tag{6.6}
$$

wobei Φ die bekannte Partikelverteilung des Phantoms und $c(r)$ die rekonstruierte Partikelverteilung repräsentiert. Die Funktionen $\max()$ und $\min()$ geben dabei die maximal beziehungsweise minimal vorliegende Partikelkonzentration an.

Für die Simulationsstudie wird das in Abbildung 6.10 gezeigte Auflösungsphantom verwendet. Da die ROI-Größe je nach Überschneidungstyp variiert, werden zwei Abwandlungen des Phantoms verwendet. Für die Untersuchungen anhand der Trajektorienüberschneidung hat das Phantom eine Gesamtgröße von $2,5 \times 2,5\,\text{cm}^2$, was der kleinsten ROI-Größe bei 100 % Überschneidung entspricht. Die Kreisradien liegen zeilenweise je zwischen 0,25 mm und 1,75 mm, wobei zwei benachbarte Kreise immer eine Größendifferenz von 0,25 mm aufweisen. Die Abstände zwischen den Kreisenzentren variieren von 0,625 mm bis 3,125 mm. Für die Untersuchungen anhand der Systemmatrixüberschneidung hat das Phantom eine Gesamtgröße von $5 \times 5\,\text{cm}^2$, da die ROI-Größe bei allen Überschneidungen diese Größe aufweist. Die Kreisradien liegen zeilenweise je zwischen 0,5 mm und 3,5 mm, wobei zwei benachbarte Kreise immer eine Größendifferenz von 0,5 mm aufweisen. Die Abstände zwischen den Kreisen variieren von 1,25 mm bis 6,25 mm.

Die ROI wird in vier Patches aufgeteilt. Zur Simulation der verschiedenen Patches wird ein Simulationsframework [84] verwendet. Dabei werden homogene Anregungsfelder und ein lineares Selektionsfeld angenommen. Die Simulation der Partikelmagnetisierung erfolgt nach der Langevin-Theorie des Paramagnetismus (vgl. Abschnitt 2.1.1). Dabei werden als Partikelgröße 30 nm angenommen. Das Rauschen wird analog zu Gleichung 6.5 simuliert. Das Selektionsfeld weist in x-Richtung die maximale Gradientenstärke mit $2,5\,\text{Tm}^{-1}$ auf. Die Anregungsfrequenzen sind, soweit nicht anders angegeben, als $f_x = 25,252\,\text{kHz}$ und $f_y = 26,041\,\text{kHz}$ definiert.

Die anschließende Bildrekonstruktion wird, wie in Abschnitt 2.2 beschrieben, über ein ungewichtetes Kaczmarz-Verfahren mit Tikhonov-Regularisierung realisiert. Der Regularisierungsparameter λ wird empirisch bestimmt.

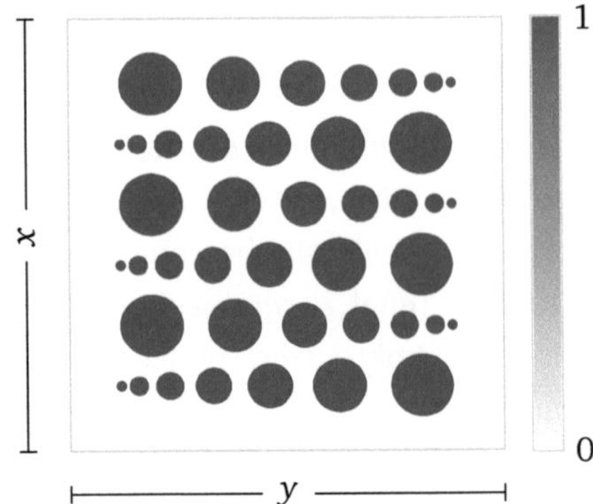

Abbildung 6.10: Das Auflösungsphantom zur Durchführung der Simulationsstudie. In grün ist die örtliche Verteilung der Partikel in Abhängigkeit von der Stoffmenge dargestellt.

6.3.2 Ergebnisse

Die Evaluierung der Simulationen unter Verwendung von Patches bei MPI wird in zwei Abschnitte gegliedert. Zuerst werden die vorgestellten Verfahren zur Nutzung der Informationsredundanz am Beispiel der Lissajous-Trajektorie analysiert und auf ihre Eignung untersucht. Darauf aufbauend wird ergründet, ob andere Trajektorien für eine Bildgebung mit Patches besser geeignet sein könnten. Dabei liegt der Fokus auf der Minimierung von Trunkationsartefakten.

Zur Interpretation der Ergebnisse werden ausgewählte Bildrekonstruktionen für verschiedene Überschneidungen gezeigt. Die Auswahl erfolgt dabei spezifisch für den jeweiligen Anwendungsfall, um die Unterschiede zwischen den einzelnen Methoden zur Nutzung der Informationsredundanz zu verdeutlichen. Der quantitative Vergleich zwischen den verschiedenen Überschneidungsarten kann über den gezeigten Verlauf des NRMSE nachvollzogen werden.

Für die folgenden Bildrekonstruktionen wurde auf eine Normierung der Partikelkonzentration verzichtet. Da die Trunkationsartefakte sich in der Rekonstruktion durch vergleichsweise hohe Signalintensitäten auszeichnen, lassen sich andere rekonstruierte Strukturen nur schwach erkennen. Für eine anschauliche Darstellung der Rekonstruktion wurden deshalb alle rekonstruierten Signalintensitäten auf 1 maximiert:

$$c(r) > 1 := 1. \tag{6.7}$$

Diese Vorgehensweise ist physikalisch vertretbar, da eine Erhöhung der Eisenkonzentration auszuschließen ist und eine Signalintensität größer 1 somit ein Artefakt sein muss. Es sei jedoch angemerkt, dass diese Nachverarbeitung bereits eine Reduktion der Trunkationsartefakte darstellt.

6.3.2.1 Nutzung der Informationsredundanz

Zunächst soll der Einfluss der Trajektorienüberschneidung untersucht werden. Hierfür wird eine schrittweise, gleichmäßige Verschiebung der Patches vorgenommen, um die Überschneidung zu vergrößern. Die Patch-Größe wird dabei konstant gehalten, um eine Ergebnisverfälschung durch unterschiedliche Trajektoriendichten zu vermeiden. Zur Nutzung der Informationsredundanz werden für jede Überschneidung die vorgestellten Verfahren angewendet und der Rekonstruktionsfehler im Vergleich zum Phantom berechnet. In Abbildungen 6.11 werden diese Fehler abhängig von der prozentualen Überschneidung aufgetragen. Für eine quantitative und qualitative Einordnung des Fehlers ist auch der NRMSE für die Rekonstruktion bei einer Trajektorie mit Größe der ROI dargestellt.

Bei zunehmender Überschneidung der Trajektorien lässt sich für alle Verfahren zur Nutzung der Informationsredundanz eine Verbesserung der Rekonstruktion in Bezug auf die Stärke der Artefaktausprägung verzeichnen. Bei Betrachtung des NRMSE-Verlaufs ist der Fehlerverlauf für die Verfahren des Abschneidens, der linearen Gewichtung und der $\sin^2$-förmigen Gewichtung nahezu identisch und im Vergleich zu den verbleibenden Verfahren der Mittelwertsbildung und der kombinierten Rekonstruktion besser. Diese Beobachtung spiegelt sich auch in den exemplarisch ausgewählten Bildrekonstruktionen wider. Bei einer sehr geringen Überschneidung von 2,4 % lassen sich für alle Verfahren deutliche Trunkationsartefakte am Rand der Patches erkennen. Unter Verwendung der Methoden Mittelwert und kombinierte Rekonstruktion können erst bei einer sehr hohen Trajektorienüberschneidung vergleichbare Rekonstruktionsergebnisse erreicht werden. Die Methoden Abschneiden und $\sin^2$-förmige Gewichtung resultieren bereits bei geringer Überschneidung in einer Bildrekonstruktion mit sehr gutem visuellen Eindruck.

Für die weitere Analyse der Trunkationsartefaktreduktion sind in Abbildung 6.12 die Ergebnisse für die Systemmatrixüberschneidung gezeigt. Die Größe der FOV-Patches wurde für alle Überschneidungen konstant gewählt und entspricht genau einem Viertel der ROI, sodass keine Trajektorienüberschneidung vorliegt. Die Größe der Systemmatrix wurde schrittweise linear erhöht, um so eine Vergrößerung der Überschneidung zu erzielen. Die Informationsredundanz wurde für jede Überschneidung mit den vorgestellten Verfahren genutzt und der Rekonstruktionsfehler im Vergleich zum Phan-

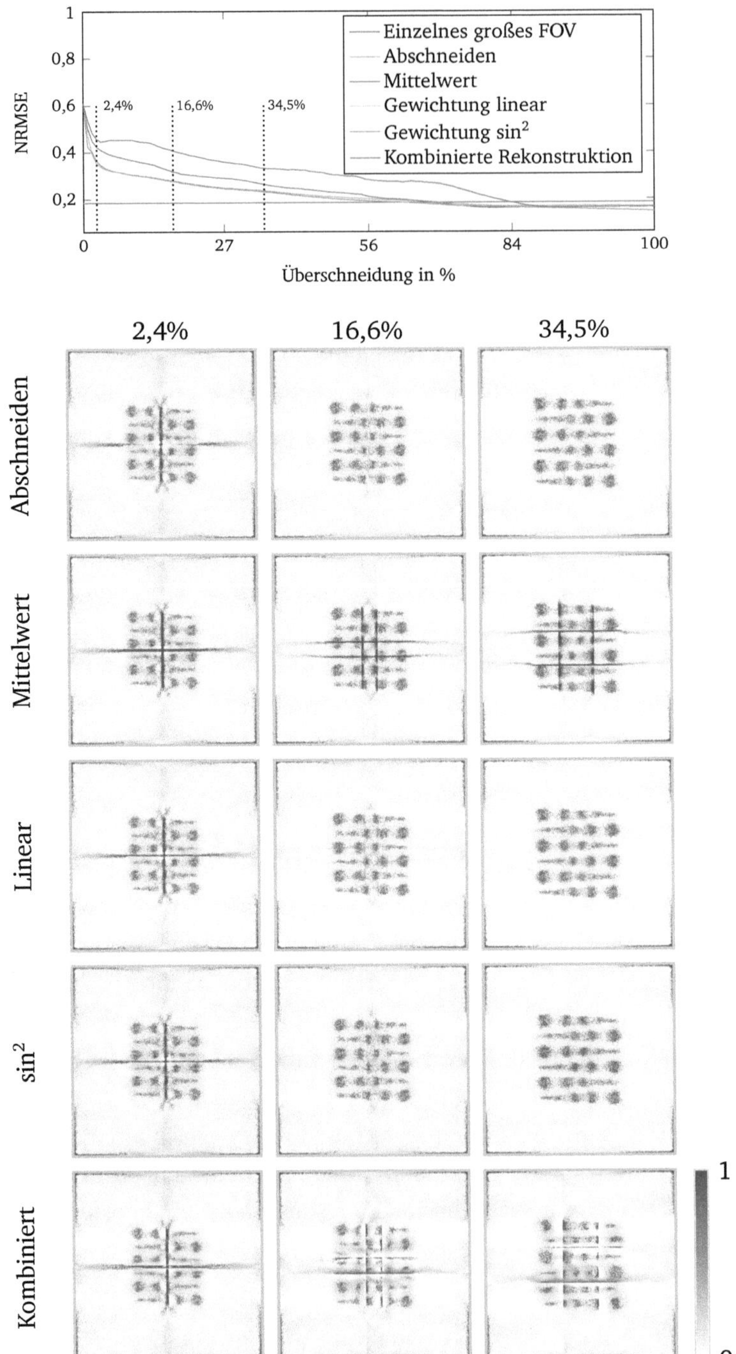

Abbildung 6.11: Dargestellt ist der NRMSE-Verlauf für Überschneidungen zwischen 0 % und 100 % für Rekonstruktionen bei Trajektorienüberschneidung sowie ausgewählte Bildrekonstruktionen.

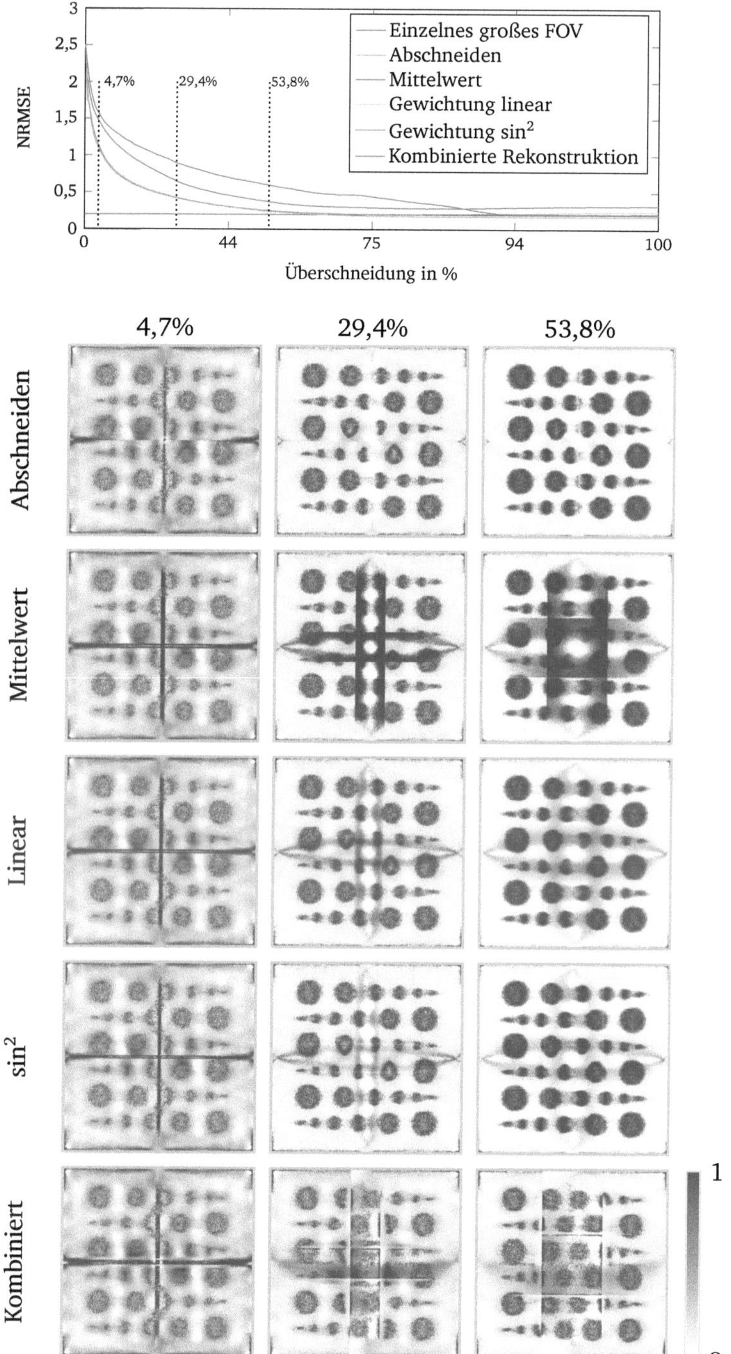

Abbildung 6.12: Dargestellt ist der NRMSE-Verlauf für Überschneidungen zwischen 0 % und 100 % für Rekonstruktionen bei Systemmatrixüberschneidung sowie ausgewählte Bildrekonstruktionen.

tom berechnet. Für eine quantitative und qualitative Einordnung des Fehlers ist auch der NRMSE-Verlauf für die Rekonstruktion bei einer Trajektorie mit Größe der ROI dargestellt.

Mit allen Verfahren zur Nutzung der Informationsredundanz kann mit zunehmender Systemmatrixüberschneidung eine Verbesserung der Bildrekonstruktion bezüglich des Kontrastes erreicht werden. Dabei schneiden die Methoden Abschneiden, lineare Gewichtung und $\sin^2$-förmige Gewichtung am besten ab. Obwohl der Fehlerverlauf der drei Verfahren sehr ähnlich ist, lassen sich in der Bildrekonstruktion deutliche Unterschiede erkennen. Die Methode des Abschneidens erzeugt weniger sichtbare Trunkationsartefakte. Bei den Methoden Mittelwert und kombinierte Rekonstruktion lassen sich die Ränder der Systemmatrizen in der Bildrekonstruktion deutlich erkennen und sind sogar stärker ausgeprägt als bei einer sehr kleinen Überschneidung. Dadurch kann eine vergleichbare Bildqualität zu den übrigen Verfahren erst bei einer sehr großen Überschneidung erreicht werden.

Der Vergleich zwischen Trajektorienüberschneidung und Systemmatrixüberschneidung zeigt, dass ersteres einen geringeren NRMSE bei einem vergleichbaren Überschneidungsbereich aufweist. Die gleiche Schlussfolgerung kann bei Betrachtung der Rekonstruktionsergebnisse gezogen werden. Da die Anwendung der Trajektorienüberschneidung inhärent eine Systemmatrixüberschneidung beinhaltet, ist dieses Ergebnis zu erwarten. Für eine praktische Anwendung ist eine Untersuchung zum Verhältnis zwischen Trajektorien- und Systemmatrixüberschneidung deshalb sehr interessant.

6.3.2.2 Trajektorienanalyse bei Patches

Zur Untersuchung geeigneter Trajektorien bei der Verwendung von Patches werden ebenfalls die Trajektorienüberschneidung und die Systemmatrixüberschneidung unabhängig voneinander variiert. Auf diese Weise kann untersucht werden, ob eine überschneidungsabhängige Trajektorieneignung vorliegt. Die Informationsredundanz wird bei den folgenden Ergebnissen über die Methode des Abschneidens vorgenommen, da sich diese im vorangegangenen Abschnitt als sehr gute Methode zur Nutzung der Informationsredundanz herausgestellt hat.

In Abbildung 6.13 sind die Ergebnisse für Trajektorienüberschneidungen zwischen 0 % und 100 % sowie ausgewählte Bildrekonstruktionen dargestellt. Bei der Betrachtung des Fehlerverlaufs ist sehr auffällig, dass die drei Trajektorien mit rundem Abdeckungsbereich (radiale Lissajous, radiale und spirale Trajektorie) bessere Ergebnisse erzielen. Diese Aussage wird durch die Rekonstruktionen unterstrichen. Die Trunkationsartefakte, die in den Ecken der ROI für die kartesische und die Lissajous-Trajektorie sehr

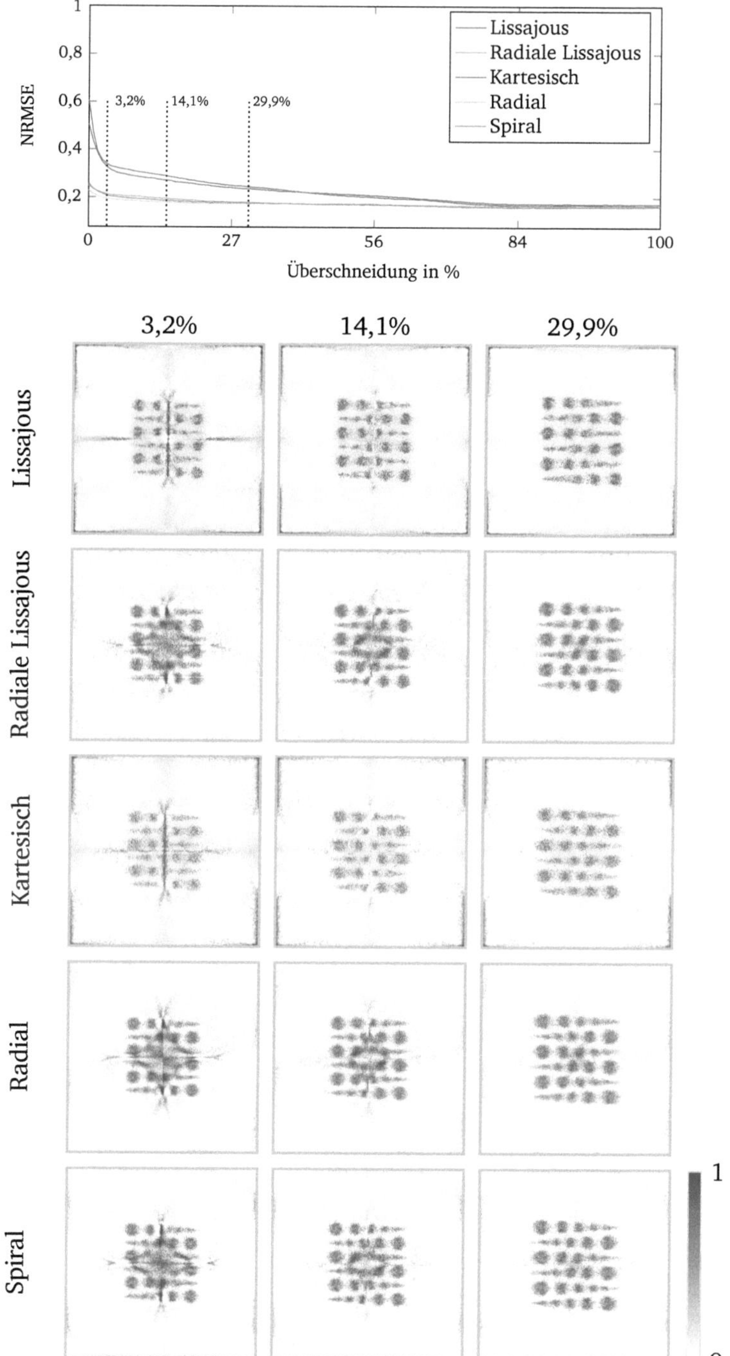

Abbildung 6.13: Der NRMSE-Verlauf für Trajektorienüberschneidungen zwischen 0 % und 100 % unter Verwendung der Methode des Abschneidens für verschiedene Trajektorien sowie ausgewählte Bildrekonstruktionen.

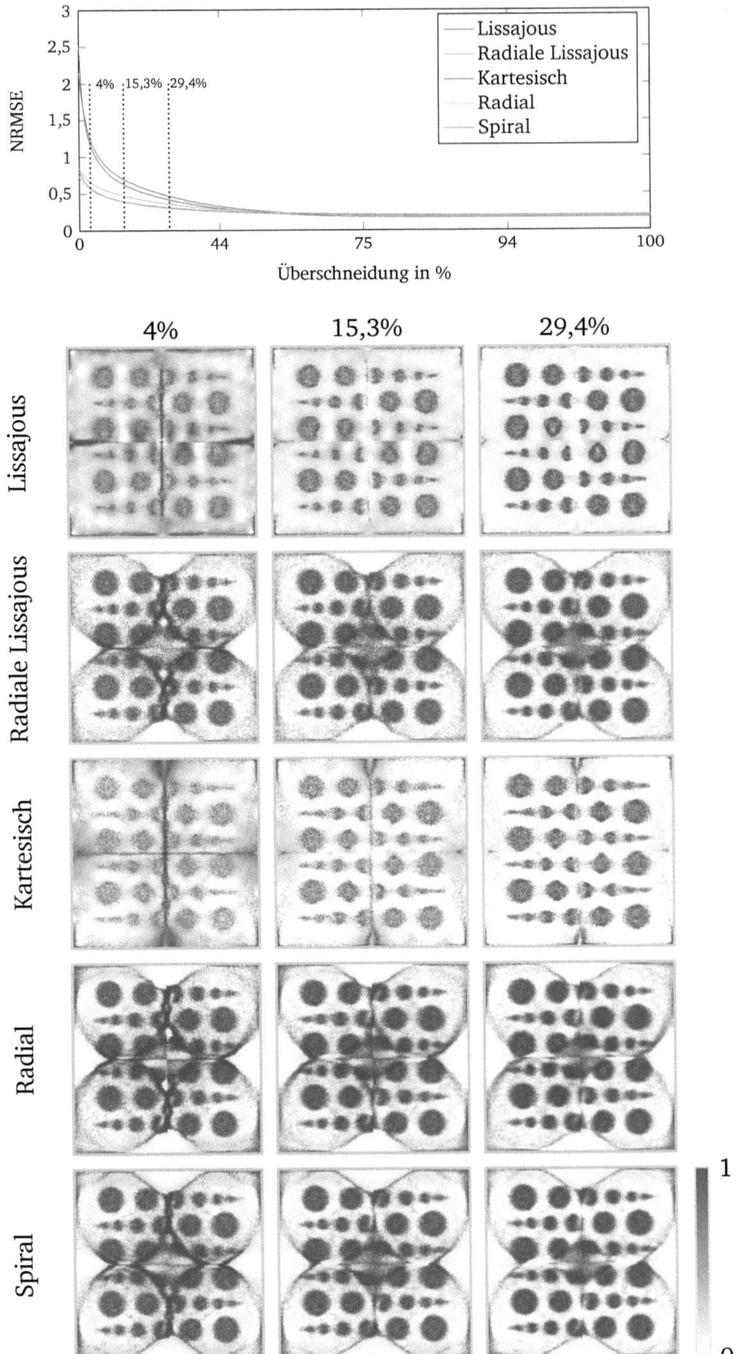

Abbildung 6.14: Der NRMSE-Verlauf für Systemmatrixüberschneidungen zwischen 0 % und 100 % unter Verwendung der Methode des Abschneidens für verschiedene Trajektorien sowie ausgewählte Bildrekonstruktionen.

stark ausgeprägt sind, sind bei den anderen drei Trajektorien nur noch leicht zu erkennen und kreisförmig ausgeprägt. Insgesamt führt eine größere Trajektorienüberschneidung zu einer besseren Bildrekonstruktion.

Bei den Ergebnissen der Systemmatrixüberschneidung (vgl. Abbildung 6.14), die zwischen 0 % und 100 % variiert wurde, sieht man den Verlauf der Trajektorien mit rundem Abdeckungsbereich sehr deutlich in den exemplarischen Bildrekonstruktionen. Da das FOV-Patch bei allen Systemmatrixüberschneidungen einen runden Bereich eines Quadranten der ROI abdeckt, ist der Bereich im Zentrum und den Ecken der ROI für alle gezeigten Fälle schlechter rekonstruiert. Die Erhöhung der Systemmatrixüberschneidung führt zu einer leichten Verbesserung bei den Trajektorien mit rundem Abtastbereich. Ein ähnlicher Effekt ist in abgeschwächter Form auch bei den Trajektorien mit rechteckiger Abdeckung zu beobachten.

6.4 Experimentelle Validierung

Aufbauend auf den Simulationen soll anhand von ausgewählten Messdaten eine Validierung vorgenommen werden. Es werden verschiedene Patch-Konfigurationen und Phantome verwendet, um den Einfluss der Trajektorien- und Systemmatrixüberschneidung anhand von Messdaten zu zeigen. Dabei werden Untersuchungen für beide Überschneidungsarten separat vorgenommen, um die Ergebnisse der Simulationsstudie zu validieren. Zusätzlich wird die Kombination der beiden Überschneidungsarten betrachtet und hinsichtlich einer Rekonstruktionsverbesserung untersucht.

Da bei MPI die Sende- und Empfangskette (vgl. Abschnitt 2.3) auf eine bestimmte Frequenz optimiert werden, ist eine Messung verschiedener Trajektorien ohne erheblichen technischen Aufwand nicht möglich. An dieser Stelle wird deshalb ausschließlich eine Validierung der Ergebnisse anhand der Lissajous-Trajektorie vorgenommen.

6.4.1 Messparameter

Die experimentellen Daten wurden mit einem präklinischen MPI-Scanner (Bruker Biospin MRI GmbH, Ettlingen, Deutschland [65]) aufgenommen. Die Systemmatrix und die Phantomdaten wurden im Scanner-Koordinatensystem in der xy-Ebene gemessen. Die Gradientenstärke beträgt in beide Richtungen $1{,}25\,\mathrm{Tm}^{-1}$. Die Anregungsfrequenzen sind mit $f_x = 24{,}509\,\mathrm{kHz}$ und $f_y = 26{,}042\,\mathrm{kHz}$ vorgegeben. Die Anregungsfeldstärke wurde für beide Kanäle auf $10\,\mathrm{mT}$ festgelegt, sodass für alle Patches eine FOV-Größe von $16 \times 16\,\mathrm{mm}^2$ vorliegt.

Analog zur Simulationsstudie wurde die ROI durch vier gitterförmig angeordnete Patches abgedeckt. Für die Verschiebung der Patches wurden zwei Konfigurationen verwendet. Bei der ersten Konfiguration wurden die Patches um jeweils 8 mm verschoben, sodass die Trajektorien sich nicht überschneiden. Bei der zweiten Konfiguration wurden die Patches um 6 mm verschoben, was in einer Trajektorienüberschneidung von 2 mm resultiert. Dies entspricht einer Überschneidung von etwa 43 %.

Die Systemmatrix wurde für alle Patches über einen Bereich von $40 \times 40\,\text{mm}^2$ aufgenommen. Die mit unverdünntem Resovist befüllte Punktprobe hat eine Größe von $2 \times 2 \times 2\,\text{mm}^3$. Die Diskretisierung der Systemmatrix wurde in 32×32 Pixel vorgenommen. Für die anschließenden experimentellen Untersuchungen wurden jeweils nur ausgewählte Positionen der Systemmatrizen verwendet, um so die entsprechenden Überschneidungsfälle zu untersuchen. Da die Pixelbreite 1,25 mm entspricht, ist eine Systemmatrixüberschneidung von 2,5 mm demnach mit einer Überschneidung von zwei Pixeln gleichzusetzen. Um etwaige Trunkationsartefakte am äußeren Rand der ROI möglichst gering zu halten, sind die Systemmatrizen an den Seiten 4 mm größer als die FOV-Abdeckung. Für die vorliegenden Experimente werden Systemmatrixüberschneidungen von 0 mm, 3,75 mm und 7,5 mm betrachtet. Dies entspricht einer Überschneidung von 0 %, 49 % und 84 %.

Als Messobjekt wurde ein Phantom mit einer C-förmigen Struktur verwendet, sodass auch ein Signal an den Patch-Übergängen zu erwarten ist. Auf diese Weise lässt sich der Einfluss auf Trunkationsartefakte gut nachvollziehen. Als Tracer wurde unverdünntes Resovist verwendet.

6.4.2 Ergebnisse

Für die Evaluierung der Rekonstruktionsergebnisse wird zunächst exemplarisch eine Frequenzkomponente der Systemmatrix eines Patches für die verschiedenen Überschneidungskonfigurationen, die im Folgenden bei der Bildrekonstruktion betrachtet werden, in Abbildung 6.15 gezeigt. Dabei wird deutlich, dass ohne eine Systemmatrixüberschneidung die örtliche Ausprägung der Frequenzkomponenten nicht vollständig in der Systemmatrix integriert ist. Vergrößert man den Bereich der Systemmatrixakquisition für ein Patch, zeigt sich, dass die Struktur des Chebyshev-Musters über den Rand der Trajektorie hinausreicht. Bereits bei einer geringen Systemmatrixüberschneidung von 3,75 mm, die eine Vergrößerung des Abtastbereiches der Systemmatrix nach sich zieht, ist die Information über die Frequenzkomponenten vollständig enthalten. Zusätzlich lässt sich anhand der Systemmatrix erkennen, dass die Trajektorie nicht zentrisch im Patch liegt, sodass für eine der beiden Richtungen eine kleinere Systemmatrixüberschneidung ausreichen würde.

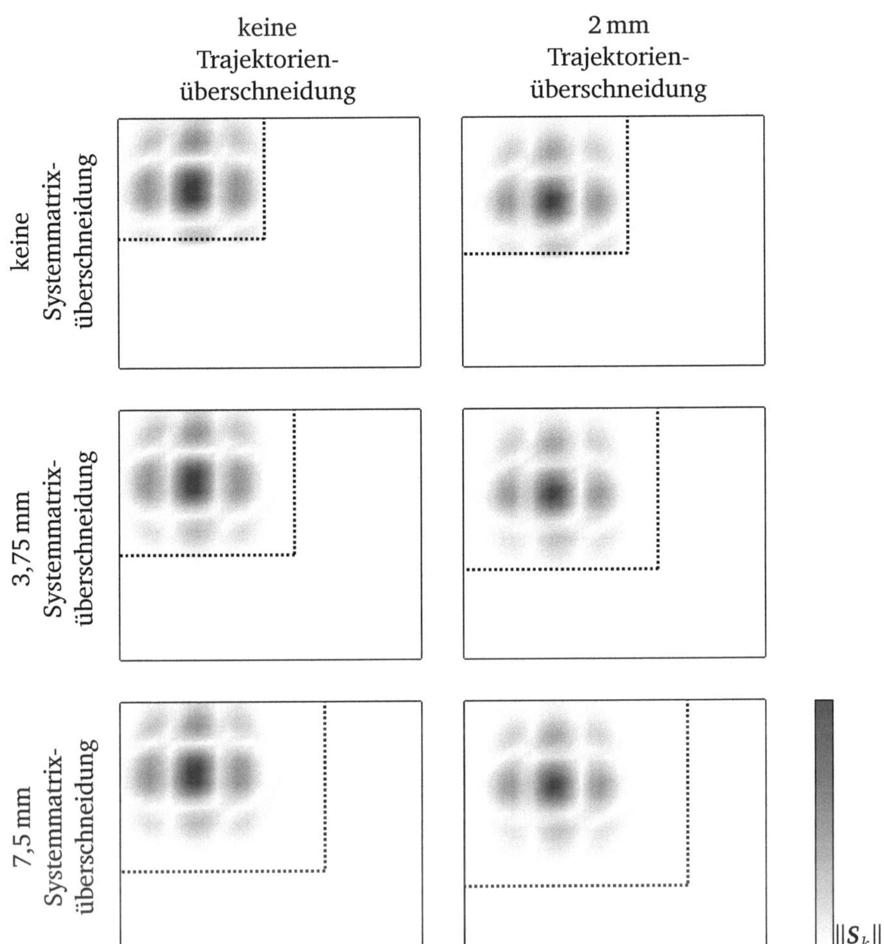

Abbildung 6.15: Mit wachsender Systemmatrixüberschneidung bei Patches erhöht sich der Bereich in dem die Systemmatrix für ein Patch aufgenommen wird. Gezeigt ist die dritte Harmonische der Systemmatrizen des x-Kanals für ein ausgewähltes Patch. Der entsprechende Bereich, der durch die Systemmatrix abgedeckt wird, ist durch die gestrichelten Linien dargestellt. Auffällig ist, dass bei zu geringer Systemmatrixüberschneidung das Chebyshev-Muster der Frequenzkomponente nicht vollständig abgebildet werden kann.

Zur Untersuchung der Trajektorienüberschneidung sind in Abbildung 6.16 die verschiedenen Methoden hinsichtlich der Nutzung der Informationsredundanz je für eine Trajektorienüberschneidung von 0 mm und 2 mm dargestellt. Insgesamt werden bei 0 mm Überschneidung wenig Trunkationsartefakte bei der Rekonstruktion produziert. Dahingegen sind die Stoßkanten der Trajektorien in der horizontalen Ebene gut durch eine unterbrochene Partikelverteilung zu erkennen. Dies trifft auch bei einer kombinierten Rekonstruktion zu. Wählt man eine Trajektorienüberschneidung von 2 mm, so wird dieser Informationsverlust kompensiert. Weiterhin führt die leichte Trajektorienüberschneidung zu einer gleichmäßigeren Rekonstruktion. Die Rekonstruktionsergebnisse aller Methoden sind sehr vielversprechend und unterscheiden sich kaum voneinander.

Für die Untersuchung der reinen Systemmatrixüberschneidung sind in Abbildung 6.17 die Bildrekonstruktionen von drei Systemmatrixüberschneidungen dargestellt. Dabei ist zu erkennen, dass mit wachsender Systemmatrixüberschneidung für die Methoden Mittelwert, lineare Gewichtung und $\sin^2$-förmigen Gewichtung ein besseres Rekonstruktionsergebnis an den Patch-Übergängen erzielt werden kann. Demgegenüber wird die Partikelkonzentration ungleichmäßiger rekonstruiert. Die Methode der $\sin^2$-förmigen Gewichtung weist eine gute Rekonstruktion mit wenig Rauschen auf und schneidet damit im Vergleich zu den anderen Methoden am besten ab. Dieser Effekt ist bei steigender Überschneidung noch stärker. Bei der Methode des Abschneidens ist auch bei einer großen Systemmatrixüberschneidung der horizontale Patch-Übergang zu erkennen. Die kombinierte Rekonstruktion resultiert in einem stark verrauschten Bild. Zusätzlich wird die rechte obere Ecke deutlich breiter rekonstruiert, als zu erwarten ist.

In Abbildung 6.18 wird die Kombination aus Trajektorien- und Systemmatrixüberschneidung an beispielhaften Rekonstruktionen gezeigt. Dazu wurde eine Trajektorienüberschneidung von 2 mm gewählt und die Systemmatrixüberschneidung variiert. Wie bereits bei der getrennten Betrachtung der beiden Überschneidungsarten, lassen sich auch bei der Kombination beider Methoden die besten Rekonstruktionsergebnisse mit der $\sin^2$-förmigen Gewichtung erreichen. Insbesondere ist das Ergebnis bereits bei geringer Systemmatrixüberschneidung sehr gut, da eine gleichmäßige Partikelverteilung vorliegt und das Rauschen sehr gering ist. Die kombinierte Rekonstruktion ist abermals schlechter als die Methoden, die nach einer separaten Rekonstruktion der Patches angewandt werden. Im gesamten Bild lässt sich starkes Rauschen erkennen und die Bildrekonstruktion der C-förmigen Struktur ist im Vergleich zu den anderen Methoden sehr ungleichmäßig.

Der Vergleich zwischen den Abbildungen 6.16, 6.17 und 6.18 zeigt, dass eine Kombination der Trajektorienüberschneidung mit zusätzlicher Systemmatrixüberschneidung die besten Ergebnisse erzielt.

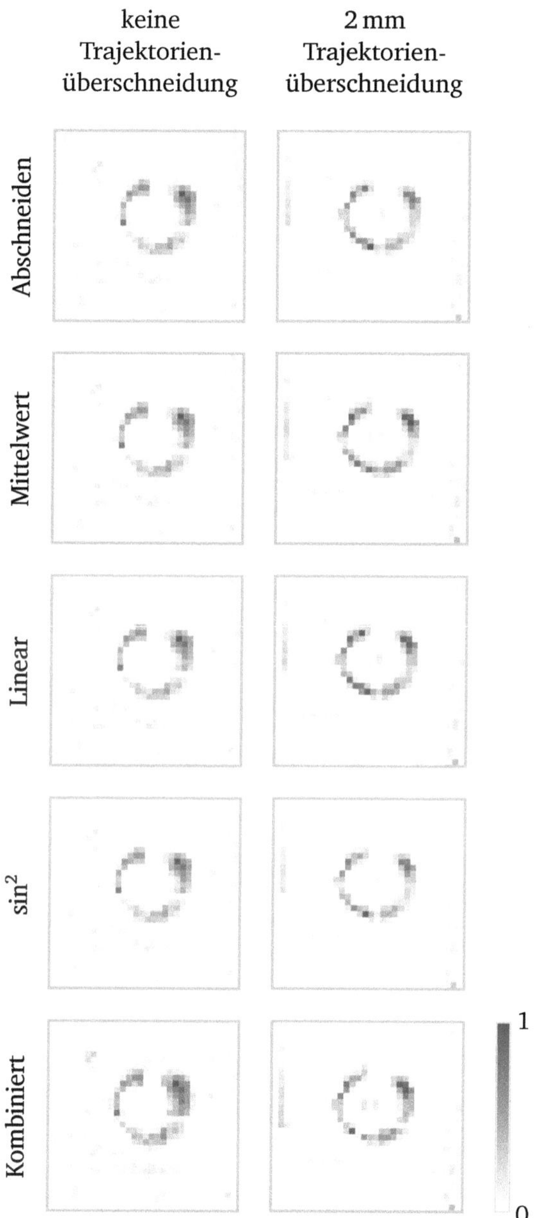

Abbildung 6.16: Dargestellt ist die Bildrekonstruktion bei einer Trajektorienüberschneidung von 0 mm und 2 mm. In beiden Fällen liegt keine zusätzliche Systemmatrixüberschneidung vor. Die Rekonstruktionen sind auf 1 normiert. Die Informationsredundanz bei der Überschneidung von 2 mm wird durch die Methode des Abschneidens genutzt.

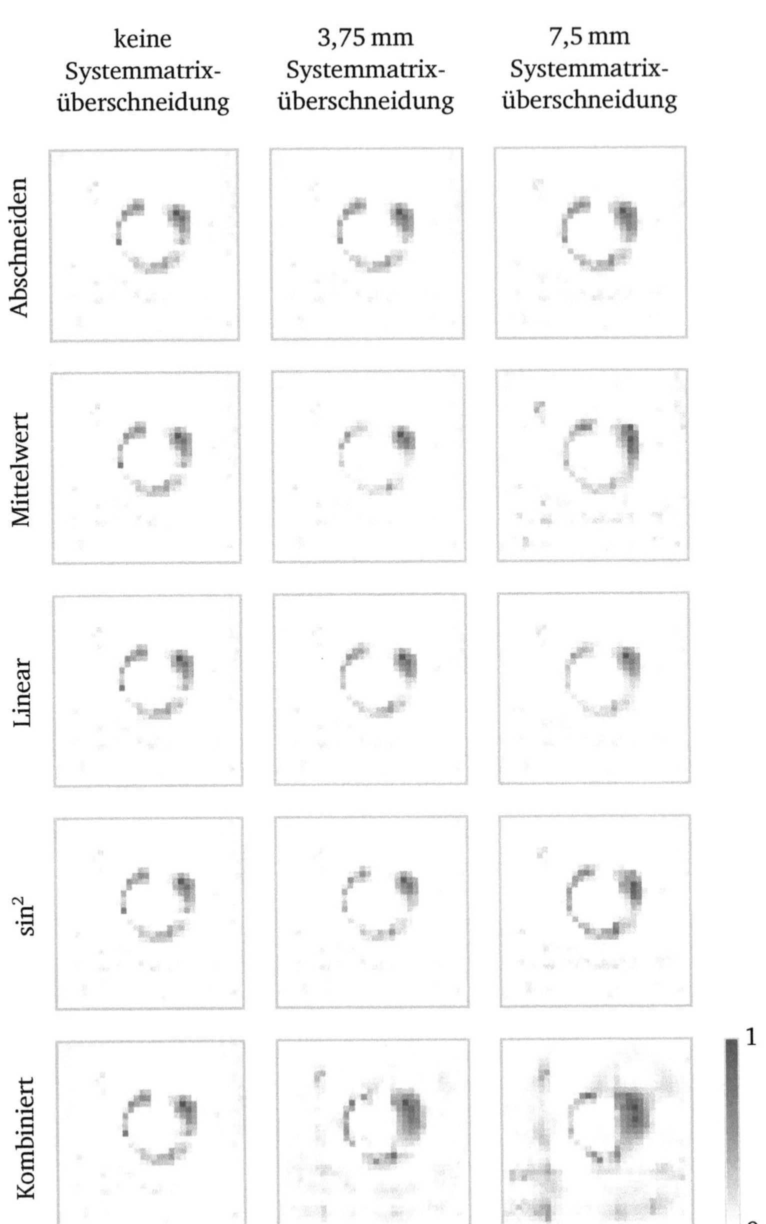

Abbildung 6.17: Dargestellt ist die Bildrekonstruktion bei einer Systemmatrixüberschneidung von 0 mm, 3,75 mm und 7,5 mm. In allen Fällen liegt keine Trajektorienüberschneidung vor. Die Rekonstruktionen sind auf 1 normiert. Die Informationsredundanz bei vorliegender Überschneidung wird durch die Methode des Abschneidens genutzt.

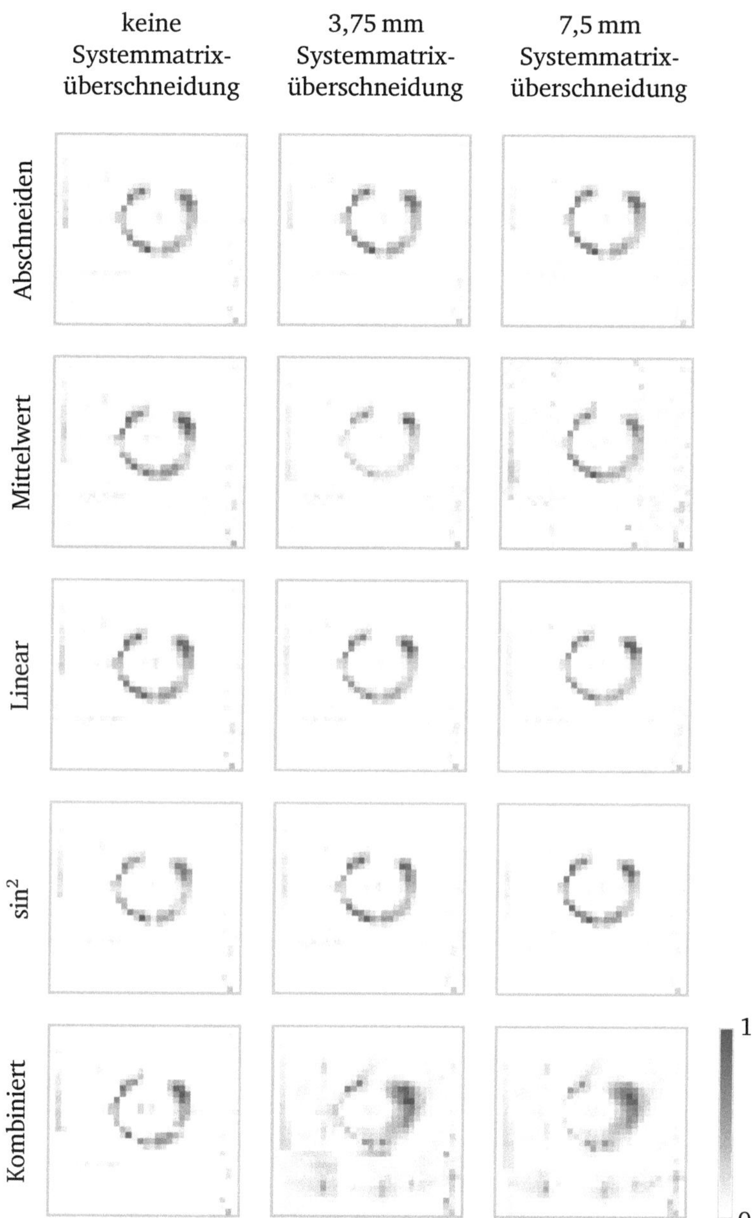

Abbildung 6.18: Dargestellt ist die Bildrekonstruktion bei einer Systemmatrixüberschneidung von 0 mm, 3,75 mm und 7,5 mm. In allen Fällen liegt eine Trajektorienüberschneidung von 2 mm vor. Die Rekonstruktionen sind auf 1 normiert. Die Informationsredundanz bei vorliegender Überschneidung wird durch die Methode des Abschneidens genutzt.

6.5 Diskussion

In diesem Kapitel wurde eine Simulationsstudie zur Trajektorien- und Systemmatrixüberschneidung vorgenommen. Dabei wurden verschiedene Trajektorien bei Verwendung von Patches berücksichtigt. Anschließend wurden anhand der Lissajous-Trajektorie die Ergebnisse zur Trajektorien- und Systemmatrixüberschneidung an experimentellen Daten validiert.

Die Ergebnisse der Simulationsstudie für verschiedene Methoden, die den Informationsgewinn bei einer Überschneidung zu einer verbesserten Rekonstruktion nutzen, sind mit den Experimenten in guter Übereinstimmung. Die Ausprägung der Trunkationsartefakte in den experimentellen Daten war sehr gering, was durch die eingeschränkte Sensitivität des Systems erklärt werden kann. Dennoch konnte gezeigt werden, dass beide Überschneidungsarten einen positiven Einfluss auf die Bildrekonstruktion haben, da die Stoßkanten der Trajektorien in der Bildrekonstruktion ohne Überschneidung zu erkennen sind. In der experimentellen Validierung wurde zusätzlich die Kombination der beiden Überschneidungsarten untersucht. Die in dieser Arbeit gezeigten Ergebnisse lassen darauf schließen, dass diese Kombination zielführend ist. Darauf aufbauend ergeben sich Fragestellungen für weiterführende Untersuchungen bezüglich des Verhältnisses zwischen Trajektorien- und Systemmatrixüberschneidung.

Die Wahl der Trajektorienüberschneidung bei der Durchführung der Experimente wurde so gewählt, dass auch bei leichten Inhomogenitäten in den Magnetfeldern eine Überschneidung sichergestellt werden kann. In weiteren Studien ist deshalb ein interessanter Aspekt, das optimale Verhältnis zwischen Trajektorien- und Systemmatrixüberschneidung sowie FOV- und ROI-Größe zu finden. Es ist zu erwarten, dass dieses Verhältnis Scanner-spezifisch zu bestimmen ist, da bestimmte Faktoren, wie beispielsweise die Homogenität der Anregungsfelder, die Linearität des Gradientenfeldes oder die Sensitivität der Empfangsspulen, Einfluss darauf nehmen. Weiterhin ist auch eine applikationsspezifische Betrachtung sinnvoll, da die zu erwartende Ausbreitung des Tracers einen Einfluss auf die Bildrekonstruktion hat.

In dieser Arbeit hat sich in der Simulationsstudie eine $\sin^2$-förmige Gewichtung als optimale Methode zur Informationsredundanznutzung herausgestellt. Diese Methode hat auch bei den experimentellen Daten das vergleichsweise beste Ergebnis erzielt. Allerdings ist der Vorteil gegenüber den anderen Methoden, die eine Nachverarbeitung der separat rekonstruierten Patches vornehmen, nur sehr gering. Dies kann durch die geringe Ausprägung der Trunkationsartefakte in den experimentellen Daten begründet werden. In der praktischen Anwendung könnte durch die vielversprechenden Ergebnisse der verschiedenen Methoden eine Kombination der Gewichtungsmethoden zu besseren Rekonstruktionsergebnissen führen.

Die kombinierte Rekonstruktion hat insgesamt eine recht schlechte Bildqualität hervorgebracht. Aufgrund der Nutzung der Informationsredundanz bereits während der Rekonstruktion ist dies jedoch nicht zu erwarten. In weiterführenden Studien ist deshalb eine Untersuchung zu speziellen Gewichtungen während der Rekonstruktion sinnvoll. Der Mehraufwand, der bei einer Rekonstruktion eines großen Gleichungssystems entsteht, kann durch Verfahren der spärlichen Rekonstruktion [95] kompensiert werden und wird in Kombination mit Verfahren des Compressed Sensing [14] noch deutlich stärker reduziert.

Weiterhin wurde in der Simulationsstudie untersucht, ob bei Verwendung von Patches andere Trajektorien als die Lissajous-Trajektorie besser geeignet sind. Trajektorien mit einem runden Abtastfeld zeigten sich dabei als sehr vielversprechend. Es ist jedoch notwendig, diese Ergebnisse experimentell zu validieren. Sollte sich ein runder Abtastungsbereich als geeigneter herausstellen, so ist die Erweiterung der Trajektorien auf die dritte Dimension erforderlich. Alternativ kann eine Elongation der 2D-Trajektorie vorgenommen werden [31].

Die Studien in diesem Kapitel umfassen ausschließlich den Fall statischer Patches. Wie in Abschnitt 6.1.2 beschrieben, ist ein alternativer Ansatz, die Anwendung kontinuierlicher Fokusfelder zur Verschiebung eines Patches zu nutzen. Ein direkter Vergleich zwischen statischen Patches und einer kontinuierlichen Patch-Bewegung wäre sehr interessant. Letzteres ermöglicht die Abdeckung der ROI innerhalb einer Sequenz, sodass auch die Systemmatrix für die gesamte ROI aufgenommen werden könnte. Allerdings ist dieser Ansatz nicht sehr praktikabel. Demzufolge wird die Wiederverwendung der Systemmatrix entlang des kontinuierlichen Pfades in Betracht gezogen [99, 105]. Eine solche Wiederverwendung ist auch bei statischen Patches von hohem Interesse und wird in Kapitel 7 aufgegriffen.

Symmetrie bei Patches

Bei der Bildgebung mit Patches, wie sie in Kapitel 6 beschrieben wird, ist eine individuelle Aufnahme einer Systemmatrix für jedes Patch aufgrund des verschobenen FOVs notwendig. Bei einer zusätzlichen Überschneidung der Systemmatrizen, die eine Verbesserung der Bildrekonstruktion nach sich ziehen kann, erhöht sich der Kalibrieraufwand dadurch deutlich. Für die Bildgebung mit Patches ist es demnach erforderlich, Strategien zu entwickeln, die den Kalibrieraufwand möglichst gering halten.

Ausgehend von einer idealen Feldkonfiguration ändert sich bei Verschiebung eines Patches lediglich die Anfangsposition der Trajektorie. Der örtliche Verlauf bleibt in Bezug auf die Ausgangsposition bestehen, sodass bei gleicher örtlicher Korrelation zwischen Partikelprobe und Magnetfeldsequenz das empfangene Spannungssignal unabhängig von der Verschiebung des Patches identisch ist. Eine Wiederverwendbarkeit der Systemmatrix durch Herstellen der örtlichen Korrelation ist demnach naheliegend.

In der Praxis ist eine perfekte Magnetfeldkonfiguration für größere Volumina kaum zu erreichen, insbesondere da beim mehrdimensionalen MPI orthogonal zueinander ausgerichtete Magnetfelder notwendig sind. Dennoch ist eine Wiederverwendung der Systemmatrix trotz kleiner Feldabweichungen durchaus möglich [104].

Bei der Entwicklung neuer Scanner-Designs in MPI ist die Zugänglichkeit des Patienten während der Bildgebung ein wesentliches Merkmal [37]. Um dies zu gewährleisten, sind offene Systeme zu bevorzugen, die jedoch hohe Inhomogenitäten und Nichtlinearitäten in den Magnetfeldern aufweisen [115, 116]. Für solche Systeme ist eine reine Wiederverwendung der Systemmatrix nicht möglich, da die örtliche Korrelation bei einer Verschiebung nicht sichergestellt werden kann.

In dieser Arbeit wird deshalb ein anderer Ansatz untersucht, der die örtlichen Signalveränderungen, verursacht durch die Inhomogenität und Nichtlinearität der Magnetfelder, beachtet. Dazu werden Symmetrieachsen der Magnetfelder betrachtet und die Wiederverwendung von an diesen Achsen gespiegelten Systemmatrizen untersucht.

Zunächst wird das grundlegende Konzept einer gespiegelten Systemmatrix vorgestellt und motiviert. Anschließend soll in einer Simulationsstudie anhand von idealen und inhomogenen Magnetfeldern gezeigt werden, dass die vorgestellte Methode eine Bildrekonstruktion mit gespiegelten Systemmatrizen erlaubt. Abschließend wird anhand von Messdaten die Praxistauglichkeit unter Beweis gestellt und im Vergleich zu einer reinen Verschiebung der Systemmatrix diskutiert.

7.1 Motivation

Verwendet man bei der Bildrekonstruktion von MPI-Bildern eine gemessene Systemmatrix, können Inkonsistenzen in den Messdaten, die durch Inhomogenitäten und Nichtlinearitäten der vorliegenden Magnetfelder entstehen, inhärent kalibriert werden. Trotzdem gibt es Bestrebungen, möglichst ideale Feldkonfigurationen zu erzeugen, da sie Einfluss auf wichtige Faktoren für die Bildgebung mit MPI, wie zum Beispiel die Trajektorienausbreitung [26] oder die Qualität eines FFP oder einer FFL [50], haben. Daher sind die bei MPI vorliegenden Magnetfelder in aller Regel von hoher Güte mit geringen Abweichungen in den Randbereichen der ROI.

Um den Kalibrieraufwand bei der Bildgebung mit Patches möglichst gering zu halten, ist es demnach naheliegend, Systemmatrizen wiederzuverwenden. Die grundlegende Idee bei der Wiederverwendung baut darauf auf, dass die Signalgenerierung bei MPI eine Wechselwirkung zwischen Magnetfeldsequenz und Partikelverteilung ist. Ausschlaggebend ist die örtliche und zeitliche Relation zwischen den Partikeln und dem FFP. Betrachtet man eine ideale Feldkonfiguration, wie beispielhaft in Abbildung 7.1 dargestellt, so fällt auf, dass eine Verschiebung des Magnetfeldes keine Auswirkung auf dessen örtliche Ausprägung hat. Demnach kann auch eine für ein spezifisches Patch aufgenommene Systemmatrix zur Rekonstruktion eines anderen Patches herangezogen werden, indem die örtliche Korrelation der Verschiebung beachtet wird.

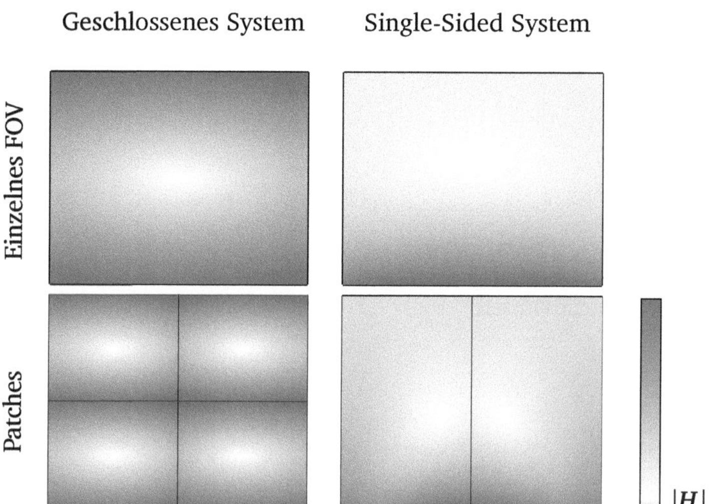

Abbildung 7.1: Bei idealen Magnetfeldern, wie sie in geschlossenen MPI-Systemen annähernd erreicht werden können, verursacht die Verschiebung bei der Bildgebung mit Patches keine Abweichungen in der örtlichen Ausprägung der Magnetfelder einzelner Patches. Für offene Scanner-Geometrien, wie dem Single-Sided-Scanner, führt eine Verschiebung zu Deformationen des Magnetfeldes. Für beide Fälle sind eindeutige Symmetrieachsen zwischen den Patches zu erkennen.

Im Gegensatz dazu treten bei Feldern mit stark ausgeprägten Nichtlinearitäten, wie beispielsweise einem Single-Sided-Scanner, durch Verschiebung des Magnetfelds Veränderungen in der Ausbreitung der Magnetfeldstärke auf (vgl. Abbildung 7.1). Das hat zur Folge, dass eine einfache Verschiebung der Systemmatrix eines Patches zur Bildrekonstruktion eines anderen Patches nicht genügt. In Abbildung 7.2 soll dies durch eine Rekonstruktion mit verschobener Systemmatrix für einen Single-Sided-Scanner demonstriert werden. Es ist deutlich zu sehen, dass bei einer Rekonstruktion mit dedizierten Systemmatrizen für die einzelnen Patches eine vergleichbare Qualität der Rekonstruktion zwischen den Patches erreicht werden kann. Aufgrund der Inhomogenitäten bei einem Single-Sided-Scanner nimmt die Auflösung mit Entfernung zum Scanner ab. Rekonstruiert man ein Patch mithilfe der verschobenen Systemmatrix des anderen Patches, so fällt auf, dass die Rekonstruktion starke Verzerrungen aufweist, die mit steigender Inhomogenität im Feld zunimmt.

Zwar ist die Wiederverwendung der Systemmatrix durch Verschieben bei einem inhomogenen Magnetfeld nicht zielführend, jedoch ist in Abbildung 7.1 klar zu erkennen, dass sich, aufgrund der symmetrischen Ausprägung des Feldes in seiner unverscho-

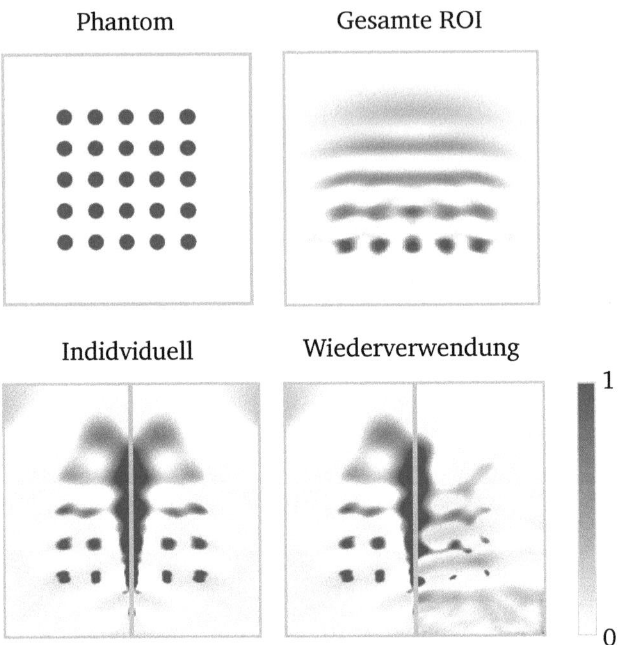

Abbildung 7.2: Bildrekonstruktion unter Verwendung einer Single-Sided-Scanner-Geometrie eines FOVs mit der Größe der ROI, mit zwei Patches und individueller Systemmatrix und mit zwei Patches, wobei das rechte Patch mit der Systemmatrix des linken Patches rekonstruiert wurde. Die Scanner-Oberfläche befindet sich am unteren Bildrand. Es ist deutlich zu erkennen, dass die Rekonstruktion der einzelnen Punkte stark ortsabhängig ist, da hochgradig inhomogene Felder vorliegen. Eine reine Verschiebung einer Systemmatrix zur Rekonstruktion beliebiger Patches genügt daher nicht.

benen Position, Symmetrieachsen für die Magnetfelder der Patches ausbilden. Im Folgenden wird deshalb untersucht, inwieweit eine Spiegelung von Systemmatrizen an den Symmetrieachsen für eine Rekonstruktion von Patches genutzt werden kann.

7.2 Material und Methoden

In diesem Abschnitt soll untersucht werden, inwieweit gespiegelte Systemmatrizen für eine Rekonstruktion verwendet werden können und welche Verarbeitungsschritte dazu notwendig sind. Zunächst soll daher der Einfluss der Spiegelung auf die Signalgenerierung betrachtet werden, bevor die mathematischen Zusammenhänge zur Rekonstruktion mit Patches eingeführt werden. Hierzu werden in Abbildung 7.3 die

Trajektorienverläufe für die Verschiebung und die Spiegelung von Patches sowie die dazu korrespondierenden Signalverläufe dargestellt. Die beispielhaften Partikelverteilungen sind spiegelsymmetrisch bezüglich der Patch-Positionen angeordnet, da bei inhomogenen Magnetfeldern (vgl. Abbildung 7.1) diese Positionen sehr ähnlich zueinander sind. Bei der Verschiebung einer Trajektorie ändert sich die örtliche und zeitliche Korrelation zwischen Partikelverteilung und Trajektorie, die sich auch im Empfangssignal widerspiegelt. Im Falle einer Spiegelung ist das Empfangssignal aufgrund der spiegelsymmetrischen Anordnung der Partikel identisch. Eine solche Spiegelung der Trajektorie lässt sich über die Veränderung der Phase des Anregungssignals erreichen.

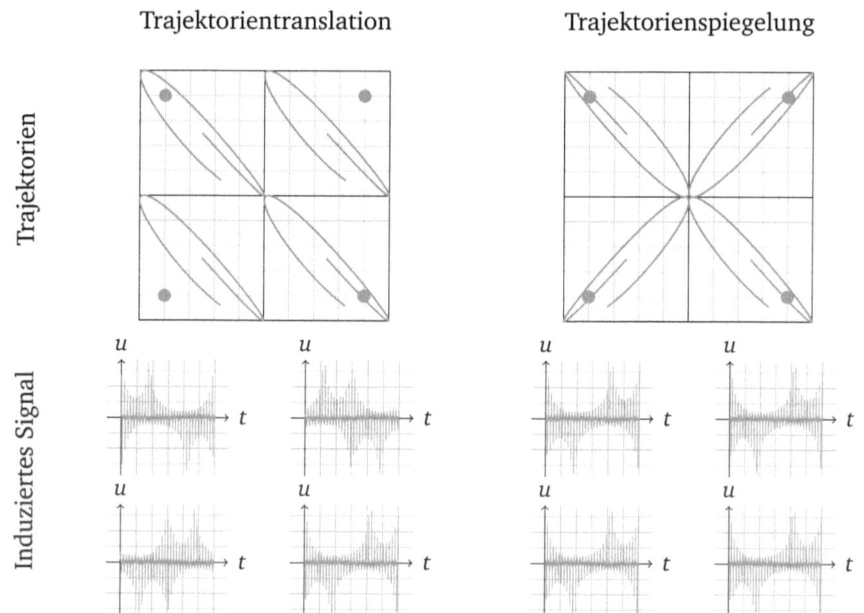

Abbildung 7.3: Der Verlauf des Empfangssignals wird beeinflusst durch die örtliche Korrelation zwischen Trajektorie und Partikelverteilung. Betrachtet man die Partikelverteilungen, wird deutlich, dass eine Verschiebung der Magnetfelder und damit der Trajektorien zu unterschiedlichen Empfangssignalen für die jeweiligen Patches führt. Bei einer Spiegelung hingegen ist der Signalverlauf für alle Patches identisch.

Aus Abbildung 7.3 geht klar hervor, dass eine gespiegelte Trajektorie Einfluss auf den Signalverlauf hat und demnach in einer korrespondierenden Systemmatrix zu unterschiedlichen Ort-Zeit-Korrelationen führt. Wenn mit einer nachträglichen Spiegelung der Systemmatrix derselbe Effekt erzielt werden soll, müssen sowohl die Spiegelung des Ortes als auch die Spiegelung des zeitlichen Signalverlaufs Berücksichtigung finden.

In den nachfolgenden Abschnitten werden deshalb die zwei notwendigen Korrekturen vorgestellt, die eine Rekonstruktion der Partikelverteilung c bei gespiegelter Ortsinformation der Systemmatrizen ermöglichen. Dabei wird auf die Definition der Systemmatrix $S_k(r)$ aus Abschnitt 2.2 zurückgegriffen, die eine Charakterisierung über eine Frequenzkomponente k und eine Ortskomponente r ermöglicht. Es gilt, dass $S_k \in \mathbb{C}^R$ und $S(r) \in \mathbb{C}^K$, wobei R die Anzahl der Ortspunkte angibt und K der Anzahl der Frequenzkomponenten entspricht. Ferner wird die vorliegende Systemmatrix mit S und die veränderte Systemmatrix mit $\check{S}$ bezeichnet.

7.2.1 Örtliche Spiegelung

In der MPI-Systemmatrix ist das Spektrum des Partikelsignals gespeichert, das für eine ausgewählte Anzahl an Positionen R gemessen wird. Wenn für die Magnetfeldausprägung zweier Patches eine Spiegelsymmetrie vorliegt, so müssen die gemessenen Positionen einer Systemmatrix für die Erstellung einer dedizierten Systemmatrix zur Bildrekonstruktion eines anderen Patches entsprechend der Spiegelachse neu geordnet werden.

Im Folgenden wird für jede Position r die korrespondierende gespiegelte Position mit $\check{r}$ bezeichnet, sodass alle Definitionen unabhängig vom verwendeten Koordinatensystem betrachtet werden können. Dabei ergeben sich abhängig von den möglichen Spiegelachsen verschiedene Kombinationen für $\check{r}$. Bezogen auf eine zweidimensionale Bildgebung sind drei Spiegelungen möglich: $\check{r} = (\check{r}_x, r_y, r_z)$, $\check{r} = (r_x, \check{r}_y, r_z)$ und $\check{r} = (\check{r}_x, \check{r}_y, r_z)$.

Für eine örtlich gespiegelte Systemmatrix folgt demnach

$$\check{S}(r) = S(\check{r}). \tag{7.1}$$

Bei einer anschließenden Bildrekonstruktion äußert sich die Spiegelung der Systemmatrix durch eine gespiegelte Partikelverteilung.

7.2.2 Phasenkorrektur

Betrachtet man den Verlauf einer gespiegelten Trajektorie, wird deutlich, dass ein von der Spiegelachse abhängiger Phasenverschub in der Anregungssequenz vorliegt. Da in dieser Arbeit von einer Spiegelsymmetrie ausgegangen wird, beträgt der Phasenschub in jeder Spiegelachse π. Aufbauend auf der Definition aus Gleichung 2.10 kann die zeitliche Spiegelung einer Trajektorie für die x-Richtung mit $A_x \sin(2\pi f_x t + \phi_x + \pi)$ angegeben werden. Die Spiegelung der beiden anderen Richtungen kann analog dargestellt werden.

Durch die Verwendung zueinander orthogonal ausgerichteter Anregungsfelder ist die Phasenkorrektur allerdings nicht nur von der Frequenzkomponente, sondern auch von der Anregungsrichtung abhängig. Für eine ausführliche Beweisführung zur mathematischen Korrektheit sei auf [125] verwiesen. Unter der Voraussetzung, dass für das Frequenzverhältnis der zweidimensionalen Anregungssequenz $n_x > n_y$ (vgl. Gleichung 2.12) gilt, kann die Phasenkorrektur der Systemmatrix bei Anwendung einer zweidimensionalen Lissajous-Trajektorie wie folgt vorgenommen werden:

Bei Spiegelung der x-Richtung erfolgt die Korrektur für den x-Empfangskanal mit

$$\check{S}_k = \overline{S}_k (-1)^k. \tag{7.2}$$

Bei Spiegelung der x-Richtung erfolgt die Korrektur für den y-Empfangskanal mit

$$\check{S}_k = \overline{S}_k (-1)^{k+1}. \tag{7.3}$$

Bei Spiegelung der y-Richtung erfolgt die Korrektur für den x-Empfangskanal mit

$$\check{S}_k = S_k (-1)^k. \tag{7.4}$$

Bei Spiegelung der y-Richtung erfolgt die Korrektur für den y-Empfangskanal mit

$$\check{S}_k = S_k (-1)^{k+1}. \tag{7.5}$$

Dabei entspricht $\overline{S}_k$ der komplexen Konjugation aller Einträge der Systemmatrix. Die Erweiterung auf eine Spiegelung in drei Raumrichtungen bei vorliegender dreidimensionaler Trajektorie kann analog vorgenommen werden. Dabei ist das Verhältnis der Frequenzteiler n_x, n_y und n_z zueinander zu berücksichtigen.

Da in einer gemessenen Systemmatrix auch die komplexwertige Übertragungsfunktion des Systems enthalten ist, ist eine direkte Anwendung der Korrektur über komplexe Konjugation nicht möglich. Diese würde zu einer Veränderung der Übertragungsfunktion führen, die eine Rekonstruktion mit einer Messung verhindert. In [125] wurde deshalb vorgeschlagen, einen Korrekturterm

$$e^{-2i\phi} = \frac{\check{S}_k}{S_k} \tag{7.6}$$

anhand von Simulationsdaten zu berechnen. Anschließend kann eine gemessene Systemmatrix trotz unbekannter Übertragungsfunktion durch Multiplikation mit $e^{-2i\phi}$ bezüglich der Phase korrigiert werden, ohne die Eigenschaften der Übertragungsfunktion zu beeinflussen.

7.3 Simulationsstudie

An dieser Stelle wird eine Überprüfung der in Abschnitt 7.2 vorgestellten Möglich-keiten zur Bildrekonstruktion mit gespiegelten Systemmatrizen vorgenommen. Da-bei werden zunächst ideale Felder verwendet, um die Korrektheit der Annahmen zu validieren. Die Betrachtung wird unabhängig von Patches vorgenommen, weil eine Spiegelung eines symmetrischen, idealen Magnetfeldes keine Veränderungen in der Magnetfeldausprägung verursacht. Anschließend wird eine Validierung anhand eines Single-Sided-Scanners durchgeführt, wobei eine realistische Simulation der inhomo-genen Magnetfelder zugrunde gelegt wird. Aufgrund des Aufbaus des Scanners für die zweidimensionale Bildgebung kann lediglich eine einzige Spiegelachse definiert wer-den, sodass zwei Patches verwendet werden können. Weiterhin werden die einzelnen notwendigen Verarbeitungsschritte aufgezeigt, um die zugrundeliegenden mathema-tischen Konzepte darzustellen.

7.3.1 Simulationsparameter

Als Grundlage der Simulationen mit idealen Feldern wurde eine Gradientenfeldstärke von $2,5\,\mathrm{Tm}^{-1}$ in x-Richtung und $1,25\,\mathrm{Tm}^{-1}$ in die beiden anderen Richtungen ange-nommen. Die Simulation des Gradientenfeldes des Single-Sided-Scanners wurde an-hand des in [77] beschriebenen Experimentalaufbaus vorgenommen. Weiterhin wur-den für alle Simulationen die Frequenzen $f_x = 25,252\,\mathrm{kHz}$ und $f_y = 26,041\,\mathrm{kHz}$ in Anlehnung an die Frequenzen bestehender Scanner festgelegt. Als Partikelmodell wurde die Langevin-Funktion herangezogen, wobei die Partikelgröße mit $30\,\mathrm{nm}$ an-genommen wurde. Das Rauschen wird analog zu Gleichung 6.5 simuliert. Die an-schließende Bildrekonstruktion wird über ein ungewichtetes Kaczmarz-Verfahren mit Tikhonov-Regularisierung, wie in Abschnitt 2.2 beschrieben, durchgeführt.

Das für die Simulation auf Basis idealer Felder verwendete Phantom besteht aus sechs Streifen, die asymmetrisch angeordnet sind, um eine potentielle örtliche Spiegelung kenntlich machen zu können, und ist in Abbildung 7.4 dargestellt.

Für den Single-Sided-Scanner wurde analog zu Abbildung 7.2 ein Phantom bestehend aus 5×5 Punkten gewählt, das sich über beide Patches erstreckt.

7.3.2 Ergebnisse

Für die Validierung der Modifikationen, die zur Nutzung der zeitlich und örtlich ge-spiegelten Systemmatrix notwendig sind, werden zunächst ideale Felder betrachtet. In Abbildung 7.5 sind die Ergebnisse der drei möglichen Spiegelungsrichtungen der

Abbildung 7.4: Das für die Simulationsstudie verwendete Phantom hat eine asymmetrische Ausprägung, um eine potentielle örtliche Spiegelung kenntlich zu machen. Die Abstände sind willkürlich gewählt, da keine Betrachtung der Auflösung vorgenommen wird.

zweidimensionalen Bildgebung abgebildet. In der ersten Zeile wird die Rekonstruktion bei ausschließlich örtlicher Spiegelung nach Gleichung 7.1 und in der zweiten Zeile die Rekonstruktion bei ausschließlicher Phasenkorrektur nach den Gleichungen 7.2, 7.3, 7.4 sowie 7.5 gezeigt. Die dritte Zeile repräsentiert die Kombination aus örtlicher Spiegelung und Phasenkorrektur und entspricht der tatsächlichen Partikelverteilung.

Es ist klar zu erkennen, dass die beiden Modifikationen einzeln angewendet nicht in der korrekten Partikelverteilung resultieren. Da die simulierten Magnetfelder ideal sind, ergibt die Rekonstruktion der separaten Phasenkorrektur sowie der separaten örtlichen Spiegelung eine gespiegelte Version des korrekten rekonstruierten Bildes. Werden beide Korrekturen angewendet, ist eine korrekte Bildrekonstruktion möglich.

Wenn die Magnetfelder starke Inhomogenitäten aufweisen, wie es beispielsweise beim Single-Sided-Scanner der Fall ist, sind die Auswirkungen der einzelnen Spiegelungen deutlich verschieden. In Abbildung 7.6 wird ersichtlich, dass die Rekonstruktion des rechten Patches mittels der Systemmatrix des linken Patches nur dann erfolgreich ist, wenn sowohl die örtliche Spiegelung als auch die Phasenkorrektur angewendet werden. Die beiden Korrekturen einzeln betrachtet resultieren in einer unbrauchbaren Bildrekonstruktion. Bei ausschließlicher örtlicher Spiegelung ist die Rekonstruktion stark verzerrt und gespiegelt. Wird lediglich eine Phasenkorrektur durchgeführt, lässt sich in der Rekonstruktion keine Ähnlichkeit zum Phantom feststellen. Dies liegt insbesondere daran, dass die starke örtliche Inhomogenität nicht berücksichtigt wird.

Bei einer starken Inhomogenität der Magnetfelder ist das Zusammenspiel des Gradientenfeldes und des Anregungsfeldes entscheidend. Die auftretenden Verzerrungen in der Trajektorie können nicht durch einzelne Anwendung der örtlichen Spiegelung oder der Phasenkorrektur abgebildet werden. Es konnte jedoch gezeigt werden, dass

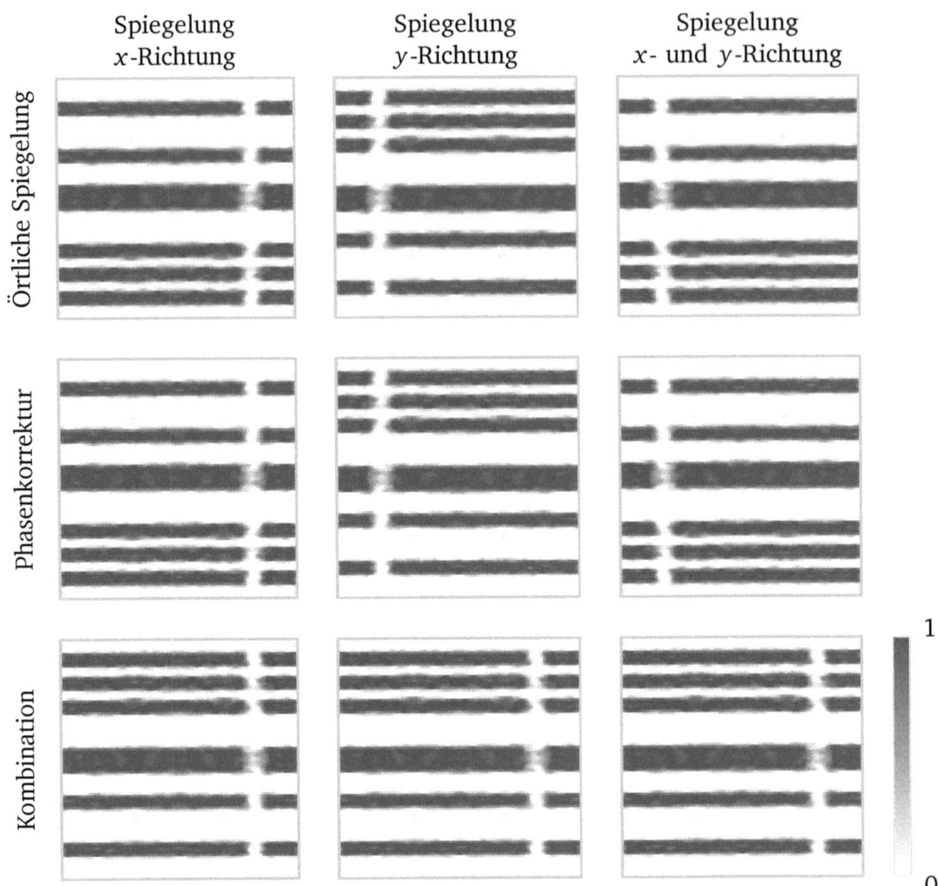

Abbildung 7.5: Bei der Spiegelung von Systemmatrizen der zweidimensionalen Bildgebung sind drei Spiegelmöglichkeiten vorhanden. Wird lediglich eine der beiden Korrekturschritte bei der Verwendung idealer Felder angewandt, entspricht die Rekonstruktion der gespiegelten Partikelverteilung. Die Kombination aus beiden Korrekturen ermöglicht die korrekte Bildrekonstruktion.

die Kombinationen aus beiden Korrekturen eine Wiederverwendung der Systemmatrix für die Rekonstruktion von Patch-Daten bei inhomogenen Magnetfeldern ermöglicht. Dies zeigt, dass die Wiederverwendung von Systemmatrizen bei MPI-Scannern mit Feldinhomogenitäten nur unter Berücksichtigung der lokalen Abweichungen bei Verschiebung eines Patches ermöglicht werden kann.

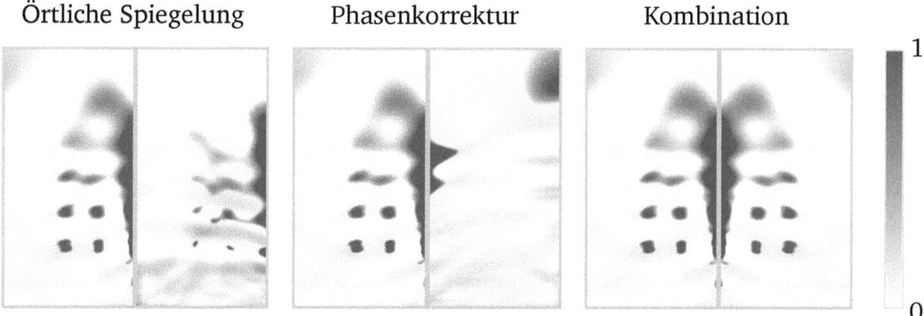

Abbildung 7.6: Abgebildet ist die Rekonstruktion zweier Patches bei einem Single-Sided-Scanner. Das linke Patch wurde mit seiner spezifischen Systemmatrix rekonstruiert. Für die Rekonstruktion des rechten Patches wurde die Systemmatrix des linken Patches entweder durch örtliche Spiegelung, durch Phasenkorrektur oder durch die Kombination beider adaptiert.

7.4 Experimentelle Validierung

Um die Ergebnisse aus der Simulationsstudie zu validieren, wird eine experimentelle Überprüfung an zwei verschiedenen Patch-Konfigurationen vorgenommen. Da bei dem verwendeten System die Magnetfelder annähernd ideal sind, wird das Konzept der Spiegelung im Vergleich zu einer reinen Verschiebung der Systemmatrix betrachtet.

Zunächst werden die Parameter der Experimente eingeführt und eine Erläuterung zur Verwendung eines Vergleichsmaßes zur Evaluierung der wiederverwendeten Systemmatrix gegeben. Anschließend werden die Bildrekonstruktionen präsentiert und diskutiert.

7.4.1 Messparameter

Für die Akquisition der Messdaten wurde ein präklinischer MPI-Scanner (Bruker Biospin MRI GmbH, Ettlingen, Deutschland [65]) verwendet. Die Daten wurden in der xy-Ebene gemessen, wobei die Gradientenstärke in beide Richtungen je $1,25\,\mathrm{Tm}^{-1}$ beträgt. Die Trajektorie der einzelnen Patch-FOVs ist durch die Anregungsfrequenzen $f_x = 24,509\,\mathrm{kHz}$ und $f_y = 26,042\,\mathrm{kHz}$ und eine Feldamplitude von $10\,\mathrm{mT}$ auf beiden Kanälen definiert. Die resultierende Abdeckung des FOVs beträgt somit $16 \times 16\,\mathrm{mm}^2$. Für jedes Patch wurde die Systemmatrix knapp $4\,\mathrm{mm}$ größer als das FOV gewählt, um Trunkationsartefakte zu reduzieren und Spielraum bei der Bestimmung der Symmetrieachse zu erhalten. Die verwendete Punktprobe weist eine Größe von $2 \times 2 \times 2\,\text{mm}^3$ auf und wurde auf einem äquidistanten Gitter jeweils um 1,25 mm verschoben. Als Tracer wurde unverdünntes Resovist verwendet.

Bei den Experimenten wurden jeweils vier Patches verwendet, die gitterförmig angeordnet sind. Im Folgenden werden zwei verschiedene Konfigurationen betrachtet. Bei der ersten Konfiguration liegen die Trajektorien aneinander, sodass keine Trajektorienüberschneidung vorliegt. Die Diskretisierung der zugehörigen Systemmatrix beträgt 19×19 Pixel. Bei der zweiten Konfiguration liegt eine Trajektorienüberschneidung von 2 mm vor. Die Diskretisierung der Systemmatrix beträgt 20×20 Pixel.

Die Wahl der Systemmatrix zur Wiederverwendung erfolgte zufällig. Für die Verschiebung einer Systemmatrix sind keine Anpassungen der Systemmatrix selbst notwendig. Für die Realisierung einer Spiegelung wurde entsprechend der Spiegelachse eine Korrektur nach den Gleichungen 7.2, 7.3, 7.4 und 7.5 vorgenommen, wobei die Korrektur in x-Richtung über die Bestimmung des Phasenterms nach Gleichung 7.6 erfolgte. Da die Spiegelachse nicht exakt zentrisch zum Koordinatenursprung des Scanners liegt, wurde eine empirisch bestimmte Verschiebung der Spiegelachse um 2,5 mm in x-Richtung vorgenommen.

Um eine quantitative Aussage über die Wiederverwendung einer Systemmatrix treffen zu können, wird sowohl für die wiederverwendete als auch für die gespiegelte Systemmatrix der NRMSE (vgl. Gleichung 6.6) für jede Frequenzkomponente im Vergleich zu einer individuell aufgenommen Systemmatrix berechnet. Die Ortskomponenten der Systemmatrix, die in die Fehlerberechnung einfließen, werden dabei auf den zu rekonstruierenden Bereich, der der FOV-Größe entspricht, beschränkt. Andernfalls könnte für die Verschiebung einer Systemmatrix nicht für jede Ortskomponente das örtliche Äquivalent in der individuellen Systemmatrix gefunden werden. Weiterhin wird der Fehler nur für die Frequenzkomponenten gezeigt, die bei der Rekonstruktion verwendet werden. Dies entspricht dem Frequenzband von 80 kHz bis 875 kHz ($k \in [53, 572]$).

Als Messobjekt wurde ein Phantom mit einer C-förmigen Struktur verwendet, welches sich über alle vier Patches erstreckt. Als Tracer wurde unverdünntes Resovist verwendet. Die Rekonstruktion wurde mit Hilfe des ungewichteten Kaczmarz-Verfahrens mit Tikhonov-Regularisierung für jedes Patch individuell durchgeführt. Anschließend wurden die Bereiche der Systemmatrixüberschneidung durch die Methode des Abschneidens (vgl. Kapitel 6) nachverarbeitet.

7.4.2 Ergebnisse

Die quantitative Ergebnisbetrachtung wird anhand der Systemmatrizen selbst vorgenommen. Dazu wird für die Patch-Konfiguration ohne Trajektorienüberschneidung der NRMSE zwischen individueller und verschobener sowie individueller und gespiegelter Systemmatrix für alle zur späteren Rekonstruktion verwendeten Frequenzkomponenten berechnet.

In Abbildung 7.7 ist der Verlauf des Fehlers für die Spiegelung entlang der y-Richtung gezeigt. Der Fehlerverlauf ist auf beiden Empfangskanälen sehr ähnlich und steigt mit wachsender Frequenzkomponente. Für den x-Kanal ist kein nennenswerter Unterschied zwischen Spiegelung und Verschiebung einer Systemmatrix zu erkennen. Die Betrachtung des y-Kanals zeigt, dass die Spiegelung in einem leicht niedrigeren Fehlerverlauf für kleine k resultiert. Der Fehlerverlauf ist insgesamt betrachtet bei beiden Varianten sehr ähnlich.

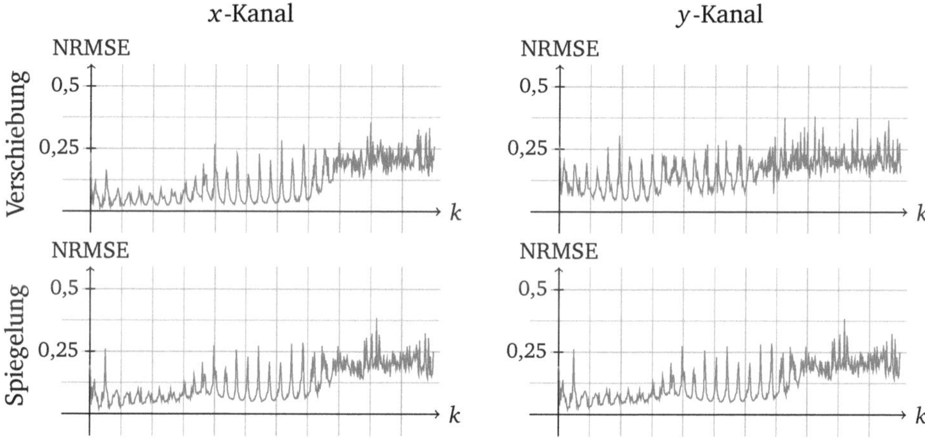

Abbildung 7.7: Bei einer Spiegelung in y-Richtung, bei der keine komplexe Konjugation notwendig ist, verläuft der Fehler für eine verschobene Systemmatrix im Vergleich zu einer gespiegelten Systemmatrix auf beiden Empfangskanälen sehr ähnlich. Für die Berechnung der NRMSE-Werte wurde in beiden Fällen die individuell aufgenommene Systemmatrix als Referenz angenommen.

Im Gegensatz zur y-Spiegelung ist bei der x-Spiegelung ein deutlicher Unterschied zwischen Spiegelung und Verschiebung einer Systemmatrix im NRMSE-Verlauf zu verzeichnen (vgl. Abbildung 7.8). Insbesondere bei Betrachtung des y-Kanals wird deutlich, dass die Spiegelung einer Systemmatrix eine weitreichende Veränderung der Systemmatrixkomponenten für niedrige Frequenzen zur Folge hat. Der gleiche Effekt ist in abgeschwächter Form auch auf dem x-Kanal zu beobachten. Bei höheren Frequenzkomponenten ist der Verlauf bei beiden Varianten sehr ähnlich.

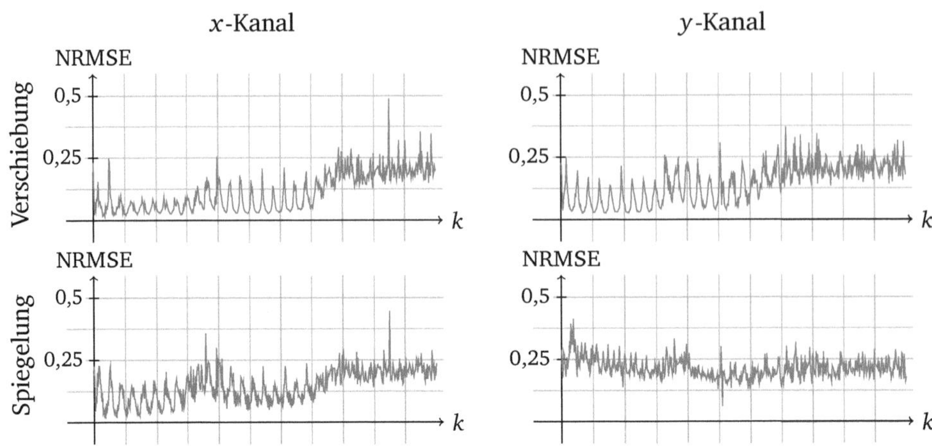

Abbildung 7.8: Bei Spiegelung entlang der x-Richtung, die eine komplexe Konjugation benötigt, ist der Fehler der gespiegelten Systemmatrix bei kleinem k auf beiden Empfangskanälen im Vergleich zu einer verschobenen Systemmatrix etwas höher. Dies wird bei Betrachtung des y-Empfangskanals besonders deutlich. Für die Berechnung der NRMSE-Werte wurde in beiden Fällen die individuell aufgenommene Systemmatrix als Referenz angenommen.

Für eine qualitative Ergebnisbetrachtung sind in den Abbildungen 7.9 und 7.10 die Bildrekonstruktionen mit einer individuell aufgenommenen, einer verschobenen und einer gespiegelten Systemmatrix gezeigt.

Bei Betrachtung der Ergebnisse ohne Trajektorienüberschneidung (vgl. Abbildung 7.9) fällt auf, dass bei Verwendung einer verschobenen Systemmatrix im Vergleich zu einer individuell aufgenommenen Systemmatrix Information verloren geht und die Rekonstruktion der C-förmigen Struktur Lücken aufweist. Die Rekonstruktion mit einer gespiegelten Systemmatrix ist bei ausschließlicher Spiegelung in y-Richtung vergleichbar zur Rekonstruktion mit verschobener Systemmatrix. Die Spiegelung in x-Richtung, die aufgrund der notwendigen komplexen Konjugation mit der über ein Modell bestimmten Phasenkorrektur durchgeführt wurde, ergibt eine stark verrauschte Bildrekonstruktion.

Bei Wiederverwendung der Systemmatrix bei vorliegender Trajektorienüberschneidung (vgl. Abbildung 7.10) ist die qualitative Erscheinung der Rekonstruktion mit verschobener Systemmatrix sehr gut und resultiert in einer gleichmäßigeren Partikelkonzentration. Die Ergebnisse unter Zuhilfenahme der gespiegelten Systemmatrix sind abermals abhängig von der angewendeten Spiegelachse. Bei ausschließlicher Spiegelung in y-Richtung ist eine sehr gute Bildrekonstruktion möglich. Die Anwendung der Spiegelung in x-Richtung und die Spiegelung in beide Richtungen resultieren in einem sehr stark verrauschte Bild. Zusätzlich scheint die Rekonstruktion der Partikelverteilung verschoben zu sein.

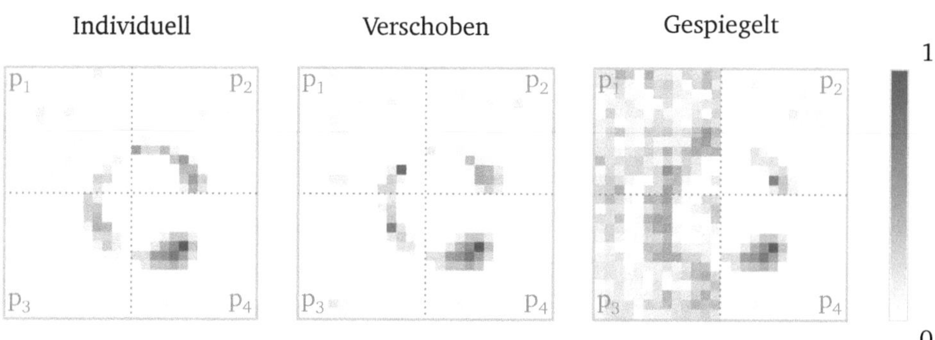

Abbildung 7.9: Die abgebildeten Rekonstruktionen zeigen die Rekonstruktion von jeweils vier Patches. Bei Verwendung einer individuellen Systemmatrix wird für jedes Patch eine Systemmatrix aufgenommen. Bei Verschiebung einer Systemmatrix wird die Systemmatrix des Patches p_4 unverändert für die Rekonstruktion der Patches p_1-p_3 verwendet. Im Falle einer gespiegelten Systemmatrix muss p_4 für die Rekonstruktion des Patches p_2 in y-Richtung, für die Rekonstruktion des Patches p_3 in die x-Richtung und für die Rekonstruktion des Patches p_1 in beide Richtungen gespiegelt werden. Die Intensität ist auf 1 normiert und es liegt keine Trajektorienüberschneidung vor.

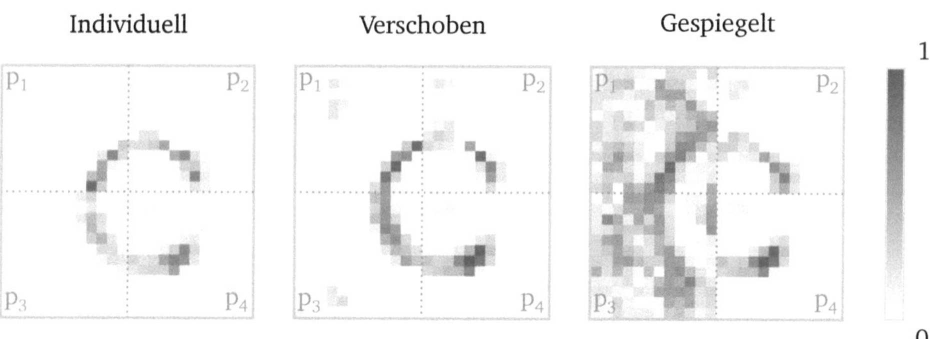

Abbildung 7.10: Die abgebildeten Rekonstruktionen zeigen die Rekonstruktion von jeweils vier Patches. Bei Verwendung einer individuellen Systemmatrix wird für jedes Patch eine Systemmatrix aufgenommen. Bei Verschiebung einer Systemmatrix wird die Systemmatrix des Patches p_4 unverändert für die Rekonstruktion der Patches p_1-p_3 verwendet. Im Falle einer gespiegelten Systemmatrix muss p_4 für die Rekonstruktion des Patches p_2 in y-Richtung, für die Rekonstruktion des Patches p_3 in die x-Richtung und für die Rekonstruktion des Patches p_1 in beide Richtungen gespiegelt werden. Die Intensität ist auf 1 normiert und die Trajektorienüberschneidung beträgt 2 mm.

Die Ergebnisse aus der Betrachtung der Bildrekonstruktion decken sich mit der quantitativen Betrachtung der zugrundeliegenden Systemmatrizen. Da für die Spiegelung entlang der x-Achse die simulative Bestimmung eines Phasenkorrekturterms notwendig ist, ist eine Erhöhung des Rauschens in der Bildrekonstruktion durch die vergleichsweise starke Abweichung der Systemmatrix zu erwarten.

7.5 Diskussion

In der vorliegenden Arbeit wurde für die Wiederverwendung der Systemmatrix eines Patches für die Bildrekonstruktion aller Patches vorgeschlagen, die Symmetrieeigenschaften der Magnetfelder auszunutzen. Dazu wurde zunächst gezeigt, dass bei Scanner-Topologien mit ausgeprägten Inhomogenitäten in den Magnetfeldern eine Verschiebung der Systemmatrix nicht ausreicht, um eine korrekte Partikelrekonstruktion zu erhalten.

Zur Ausnutzung der Symmetrie sind zwei Korrekturschritte bei der Wiederverwendung einer Systemmatrix notwendig. Als erstes muss eine örtliche Spiegelung vorgenommen werden, die die örtliche Korrelation der Spiegelachsen berücksichtigt. Als zweites ist eine Phasenkorrektur des Spektrums erforderlich, da die Spiegelung einer Trajektorie gleichbedeutend zu einem Phasenverschub von π in der Richtung der Spiegelung ist.

Es konnte gezeigt werden, dass die Korrekturschritte bei der Simulation idealer Feldgeometrien zum gewünschten Ergebnis führen. Weiterhin wurde durch eine realitätsnahe Simulation einer Single-Sided-Scanner-Geometrie gezeigt, dass bei inhomogenen Magnetfeldern die Kombination aus örtlicher Spiegelung und Phasenkorrektur eine erfolgreiche Bildrekonstruktion bei Wiederverwendung einer Systemmatrix ermöglicht.

Bei Anwendung der Phasenkorrektur auf Messdaten stellt die Übertragungsfunktion eine Hürde dar. Die Übertragungsfunktion ist für alle Patches identisch und in der Systemmatrix integriert. Da ein Teil der Phasenkorrektur eine komplexe Konjugation des Spektrums beinhaltet, würde diese Transformation eine Veränderung der Übertragungsfunktion nach sich ziehen. Dadurch würde eine erfolgreiche Bildrekonstruktion verhindert werden. In dieser Arbeit wurde deshalb ein Phasenkorrekturterm verwendet, der mit dem Spektrum multipliziert wird und so keine Auswirkung auf die Übertragungsfunktion hat. Dieser muss jedoch auf Basis von Simulationsdaten erstellt werden, was Inkonsistenzen in den Messdaten zur Folge hat.

Die vorgestellten Ergebnisse zeigen, dass eine Spiegelung, deren Korrektur ohne eine komplexe Konjugation auskommt, erfolgreich durchgeführt werden kann. Für die andere Spiegelachse ist es notwendig, weiterreichende Untersuchungen durchzuführen, da keine angemessene Rekonstruktionsqualität erreicht werden kann. Dabei ist entweder die Verwendung eines Systems mit möglichst linearer oder bekannter Übertragungsfunktion zu bevorzugen. Des Weiteren sind die Experimentaldaten dieser Arbeit an einem System entstanden, das eine annähernd homogene Feldqualität aufweist.

Dies lässt sich anhand der sehr guten Ergebnisse bei der Verschiebung einer Systemmatrix erkennen. Für zukünftige Arbeiten ist die Evaluierung anhand von Patch-Daten mit inhomogenen Feldgeometrien notwendig.

Da bei der Skalierung von MPI-Scannern für die klinische Bildgebung eine Verwendung von inhomogenen Magnetfeldern nicht verhindert werden kann, ist die Wiederverwendung einer Systemmatrix anhand von Symmetrieeigenschaften ein erster wichtiger Schritt für die Patch-spezifische Wiederverwendung von Systemmatrizen. Die Ergebnisse haben gezeigt, dass im Zusammenspiel mit der vorliegenden Hardware noch einige Herausforderungen zu lösen sind. Langfristig ist eine Korrektur der Systemmatrix auf Basis exakter Simulationen der Magnetfelder zu erwarten, die neben Ungenauigkeiten in den Symmetrieachsen auch weitere Effekte berücksichtigen kann.

Kapitel 8

Zusammenfassung und Ausblick

In der vorliegenden Arbeit wurden verschiedene Bildgebungskonzepte und Rekonstruktionsstrategien des MPI untersucht und hinsichtlich einer Eignung bei der Bildgebung großer Volumina evaluiert. MPI ist eine tomographische Bildgebungsmodalität mit guter örtlicher und hervorragender zeitlicher Auflösung. Eine Vergrößerung des Bildgebungsbereiches birgt neben technischen Herausforderungen und Beschränkungen durch medizinische Sicherheitsaspekte vordergründig die Schwierigkeit, die zeitliche Auflösung ausreichend hoch und den Rekonstruktionsaufwand möglichst gering zu halten.

Die für diese Arbeit notwendigen Grundlagen können in Kapitel 2 nachvollzogen werden. Der Fokus liegt dabei auf dem physikalischen Grundprinzip und technischen Einflüssen, die eine Bildrekonstruktion merklich beeinflussen. Weiterhin wird eine explizite Unterscheidung zwischen dem eindimensionalen und mehrdimensionalen MPI vorgenommen, da dies für die verwendeten Bildgebungssequenzen in den folgenden Kapiteln von Bedeutung ist.

Um geeignete Konzepte für die Bildgebung großer Volumina zu entwickeln, wurden in Kapitel 3 die bisher publizierten Bildgebungssequenzen und Rekonstruktionsstrategien zunächst vorgestellt. Dabei wurde erstmals eine einheitliche Notation verwendet, die auf der jeweilig verwendeten Sequenz aufbaut. Auf diese Weise ist es möglich, die verschiedenen Rekonstruktionsstrategien hinsichtlich ihrer Eignung für verschiedene Sequenzen zu evaluieren. Die vorgestellten Rekonstruktionsmöglichkeiten lassen sich in messbasierte und modellbasierte Verfahren unterteilen und umfassen die robotergestützte, Scanner-gestützte sowie spektrometriegestützte Messung einer Systemmatrix, die physikalische Modellierung einer Systemmatrix und die Verwendung idealisierter Modelle wahlweise im Zeit- oder im Frequenzbereich.

In der anschließenden Vergleichsstudie in Kapitel 4 wurden unterschiedliche Eigenschaften der Rekonstruktionsstrategien untersucht. Zunächst wurde analysiert, welche Auswirkung die Bildgebungssequenz auf die Empfangssignale hat. Dabei wurde deutlich, dass die Wahl des idealisierten Modells stark von der zugrundeliegenden Bildgebungssequenz abhängig ist. Weiterhin konnte gezeigt werden, dass die Rekonstruktionsergebnisse der idealisierten Modelle übereinstimmen, wenn von der gleichen Bildgebungssequenz ausgegangen wird. Die daraus resultierenden Erkenntnisse können verwendet werden, um die Modelle weiter zu entwickeln. Im Kontext großer Bildvolumen wurde der Zeitaufwand der einzelnen Rekonstruktionen untereinander verglichen. Dabei wurde eine Unterscheidung der Rekonstruktionsvorbereitung und der eigentlichen Rekonstruktionszeit vorgenommen. Anschließend wurde die Bildqualität anhand zweier Datensätze analysiert. Da einige Verfahren, bedingt durch mathematische Annahmen, nur bei einer eindimensionalen Anregung Anwendung finden, wurden die Bildrekonstruktionsergebnisse zunächst an drei eindimensionalen Phantomen verglichen. Für ausgewählte Verfahren ist zusätzlich eine Validierung anhand von zweidimensionalen Phantomen vorgenommen worden. In der Gesamtheit konnte gezeigt werden, dass je nach Anwendungsfall eine andere Rekonstruktionsstrategie zielführend ist. So sind Scanner mit einer eindimensionalen Anregung technisch einfacher zu realisieren und erlauben eine schnelle, direkte Rekonstruktion. Demgegenüber ist die zeitliche Auflösung für eine funktionelle Bildgebung großer Volumina derzeit kaum möglich. Soll ein großes Volumen mit möglichst hoher zeitlicher Auflösung abgedeckt werden, so sind Verfahren basierend auf einer Systemmatrix zu bevorzugen. Diese haben jedoch den Nachteil, dass eine aufwändige Kalibrierung notwendig ist und die rekonstruierte Bildrate bei hoher örtlicher Auflösung langsamer ist als die Aufnahme der Daten. Die Ergebnisse dieser Arbeit haben eindeutig belegt, dass die Wahl der Rekonstruktionsstrategie in erster Linie von der verwendeten Bildgebungssequenz abhängt. Dennoch gibt es Parallelen, die in zukünftigen Arbeiten ausgenutzt werden können, um die Vorteile der jeweiligen Strategien miteinander zu verbinden.

Die Verwendung einer gemessenen Systemmatrix ist mit einer aufwändigen Kalibrierung des jeweiligen MPI-Scanners in Kombination mit dem verwendeten Tracer verbunden. Um die Kalibrationszeit zu verkürzen, ohne auf die gemessenen Charakteristika zu verzichten, wurde in Kapitel 5 die Verwendung einer hybriden Systemmatrix vorgeschlagen. Anstatt die Kalibrierung mit dem eigentlichen Bildgebungssystem durchzuführen, wird ein MPS verwendet, um die aus der Sequenz resultierende Partikelmagnetisierung zu emulieren. In der vorliegenden Arbeit wurde das Konzept mit Hilfe eines MPS mit einer einzelnen Anregungsfrequenz evaluiert. Dazu wurden Messdatensätze eines kommerziellen Systems, das annähernd ideale Magnetfeldkonfigurationen aufweist, und eines Single-Sided-Scanners, der durch starke Feldinhomogenitäten geprägt ist, verwendet. Es konnte gezeigt werden, dass die hybride Systemmatrix eine geeignete Möglichkeit ist, die aufwändige Kalibrierung mittels eines Roboters im

Scanner zu ersetzen. Die dadurch gewonnene Zeitersparnis kann noch weiter erhöht werden, da die höhere Empfangssensitivität im MPS weniger Mittelungen erfordert. Bei den vorliegenden Daten hat bereits eine sehr geringe Anzahl an Mittelungen zu vielversprechenden Ergebnissen geführt. Für weitere Untersuchungen ist die Entwicklung eines MPS mit mehrdimensionaler Anregung notwendig, sodass die Validierung auch für die mehrdimensionale Bildgebung vorgenommen werden kann. Wenn sich die bisherigen Ergebnisse in der mehrdimensionalen Bildgebung bestätigen, hat die hybride Systemmatrix das Potential als zukünftige Standardkalibrierung bei MPI eingesetzt zu werden.

Das maximale Amplituden-Frequenz-Verhältnis bei MPI ist stark eingeschränkt, weil die Muskelkontraktion im menschlichen Körper durch unvorsichtige Wahl des Verhältnisses angeregt werden kann. Für die Vergrößerung des Bildgebungsvolumens bei MPI ist deshalb die Verwendung zusätzlicher Magnetfelder, die als Fokusfelder bezeichnet werden, notwendig. In Kapitel 6 werden durch statische Fokusfelder erzeugte Patches untersucht, deren Kombination zu einer Vergrößerung des Bildgebungsbereiches genutzt werden können. Dabei wird eine grundlegende Unterscheidung in zwei Überschneidungsmöglichkeiten vorgenommen: die Trajektorienüberschneidung und die Systemmatrixüberschneidung. In einer Simulationsstudie wurde untersucht, wie die Informationsredundanz der Überschneidung zur Artefaktreduktion verwendet werden kann. Weiterhin wurden alternative Trajektorienverläufe hinsichtlich ihrer Eignung bei Patches untersucht. Im Anschluss wurden die Erkenntnisse an Messdaten validiert. Die resultierenden Rekonstruktionen haben gezeigt, dass eine Nutzung der Informationsredundanz sinnvoll ist, wenn eine passende Gewichtung der sich überschneidenden Positionen angewendet wird. Weiterhin legen die Ergebnisse nahe, dass eine optimale Überschneidung abhängig vom verwendeten System ist. Die Schlussfolgerungen dieser Arbeit können ebenfalls bei der Patch-Bildgebung mit kontinuierlicher Verschiebung Anwendung finden.

Auf Grundlage des Kapitels 6 wurde in Kapitel 7 weiterführend untersucht, inwieweit eine Wiederverwendung von Systemmatrizen bei der Bildgebung mit Patches zielführend ist. Die Betrachtungen wurden unter Berücksichtigung inhomogener Magnetfeldkonfigurationen vorgenommen, sodass eine Spiegelung der Ortskomponenten der Systemmatrix notwendig ist. Um eine erfolgreiche Rekonstruktion durchzuführen, ist zusätzlich eine Phasenkorrektur des Signals erforderlich, die über die Spiegelung des Zeitverlaufs der Trajektorie begründet werden kann. Zunächst wurden die Methoden an Simulationsdaten evaluiert, wobei die Notwendigkeit beider Korrekturschritte bei Verwendung der Single-Sided-Scanner-Geometrie offensichtlich geworden ist. Anschließend wurde eine Überprüfung der gewonnenen Erkenntnisse für gemessene Daten vorgenommen. Hierbei ist eine Anwendung der Phasenkorrektur aufgrund der Übertragungsfunktion nur mit Hilfe eines durch Simulationen erstellten Korrekturterms möglich. Dadurch entsteht eine sehr verrauschte Rekonstruktion. In weiterführenden Arbeiten ist deshalb die Verwendung von MPI-Daten mit bekannter oder linearer Übertragungsfunktion sinnvoll. Dennoch dienen die Ergebnisse dieser Arbeit als Grundlage für die Entwicklung von Modellen, die eine beliebige Systemmatrixwiederverwendung für die Patch-Bildgebung erlauben.

Die in dieser Arbeit vorgestellten Konzepte bauen zum Teil auf denselben Grundlagen auf, weshalb eine Kombination der einzelnen Verfahren naheliegend ist. Die in Kapitel 4 erlangten Erkenntnisse legen nahe, dass die zugrundeliegende Sequenz bei der Anwendung des Verfahrens zur Bildrekonstruktion eine maßgebliche Rolle spielt. Die grundlegende Vorgehensweise, die ROI durch Patches zu vergrößern, ist allerdings bei allen Verfahren gleich. Somit können die in dieser Arbeit erlangten Erkenntnisse zur Patch-Bildgebung auch Anwendung bei der direkten Rekonstruktion über idealisierte Modelle finden.

Bei Verwendung einer Systemmatrix ist, neben den in den Kapiteln 6 und 7 vorgestellten Konzepten, die bereits aufeinander aufbauen, die Kombination mit der hybriden Systemmatrix aus Kapitel 5 interessant. Der daraus resultierende Zeitgewinn zur Erstellung der Systemmatrix ermöglicht, dass der Ansatz einer gemessenen Systemmatrix auch im klinischen Einsatz praktikabel ist.

Darüber hinaus gibt es zahlreiche interessante Anknüpfungspunkte mit anderen Arbeiten. Beispielsweise ist es möglich, die Systemmatrix durch wenige Messungen und anschließender Anwendung von Algorithmen des Compressed Sensing zu bestimmen. Dies ermöglicht einerseits einen hohen Zeitgewinn bei der Kalibrierung aber auch die Rekonstruktion in einem mathematischen Raum mit spärlicher Datenrepräsentation, sodass die Bildrekonstruktion selbst beschleunigt wird. Die Verwendung einer hybriden Systemmatrix könnte hier eine weitere hohe Zeitersparnis ermöglichen, sodass eine Kalibrierung eines großen Systems in nur wenigen Minuten möglich wird. Weiterhin könnte das Verfahren des Compressed Sensing verwendet werden, um die Wiederverwendung von Systemmatrizen zu verbessern, indem durch ausgewählte Messungen eine Korrektur einer gespiegelten Systemmatrix ermöglicht wird. Da die Anwendung von Patches entweder in statischer oder kontinuierlicher Form bei MPI in Zukunft von großer Bedeutung sein wird, können diese Ergebnisse als Grundlage für zahlreiche weitere neue Methoden im Bereich der Patch-Bildgebung dienen.

Literaturverzeichnis

9.1 Eigene Arbeiten

[1] M. Ahlborg, C. Kaethner und T. M. Buzug: *Simultaneous Patch Reconstruction in Magnetic Particle Imaging.* In: *International Workshop on Magnetic Particle Imaging (IWMPI) 2015, IEEE Xplore Digital Library,* 2015, DOI 10.1109/IWMPI.2015.7107017.

[2] M. Ahlborg, T. Knopp und T. M. Buzug: *Comparison of x-space and Chebyshev Reconstruction in Magnetic Particle Imaging.* In: *International Workshop on Magnetic Particle Imaging (IWMPI) 2014, Book of Abstracts,* S. 104 – 105, 2014.

[3] K. Bente, G. Bringout, C. Debbeler, K. Gräfe, M. Gräser, M. Grüttner, C. Kaethner, W. Tenner, M. Weber, H. Wojtczyk, T. M. Buzug und K. Lüdtke-Buzug: *Magnetic Particle Imaging - eine Einführung in die Instrumentierung und Bildrekonstruktion.* In: *Proceedings der 44. Jahrestagung der Deutschen Gesellschaft für Medizinische Physik,* S. 95 – 100, 2013.

[4] G. Bringout, M. Ahlborg, M. Gräser, C. Kaethner, J. Stelzner, W. Tenner, H. Wojtczyk und T. M. Buzug: *Shielded drive coils for a rabbit sized FFL scanner.* In: *International Workshop on Magnetic Particle Imaging (IWMPI) 2014, Book of Abstracts,* S. 98, 2014.

[5] G. Bringout, J. Stelzner, M. Ahlborg, A. Behrends, K. Bente, C. Debbeler, A. v. Gladiß, K. Gräfe, M. Graeser, C. Kaethner, S. Kaufmann, K. Lüdtke-Buzug, H. Medimagh, W. Tenner, M. Weber und T. M. Buzug: *Concept of a Rabbit-Sized FFL-Scanner*. In: *International Workshop on Magnetic Particle Imaging (IWMPI) 2015, IEEE Xplore Digital Library*, 2015, DOI 10.1109/IWMPI.2015.7107032.

[6] G. Bringout, H. Wojtczyk, M. Grüttner, M. Graeser, W. Tenner, J. Haegele, F. M. Vogt, J. Barkhausen und T. M. Buzug: *Safety Aspects for a Pre-clinical Magnetic Particle Imaging Scanner*. In: *Springer Proceedings in Physics*, Band 140, S. 355 – 359, 2012, DOI 10.1007/978-3-642-24133-8_57.

[7] G. Bringout, H. Wojtczyk, W. Tenner, M. Graeser, M. Grüttner, J. Haegele, R. Duschka, N. Panagiotopoulos, F. M. Vogt, J. Barkhausen und T. M. Buzug: *A high power driving and selection field coil for an open MPI scanner*. In: *International Workshop on Magnetic Particle Imaging (IWMPI) 2013, IEEE Xplore Digital Library*, 2013, DOI 10.1109/IWMPI.2013.6528332.

[8] T. M. Buzug, G. Bringout, M. Erbe, K. Gräfe, M. Graeser, M. Grüttner, A. Halkola, T. F. Sattel, W. Tenner, H. Wojtczyk, J. Hägele, F. M. Vogt, J. Barkhausen und K. Lüdtke-Buzug: *Magnetic Particle Imaging: Introduction to Imaging and Hardware Realization*. Zeitschrift für Medizinische Physik, 22(4), S. 323 – 334, 2012, DOI 10.1016/j.zemedi.2012.07.004.

[9] T. M. Buzug, C. Kaethner, M. Grüttner, G. Bringout und M. Weber: *Verfahren zum Magnetic Particle Imaging mit unbeschränktem axialen Field of View*. Eingereicht als deutsches Patent, EP 075148, 29.11.2013.

[10] T. M. Buzug, T. F. Sattel, M. Erbe, S. Biederer, M. Graeser, M. Grüttner, W. Tenner, H. Wojtczyk, J. Borgert, D. Finas, K. Dietrich, F. M. Vogt, J. Barkhausen, K. Lüdtke-Buzug und T. Knopp: *Magnetic Particle Imaging: Novel Field Generating Devices for Optimized Imaging*. In: *Deutsche Gesellschaft für Biomedizinische Technik Jahrestagung*, Band 56 Suppl. 1, 2011, DOI 10.1515/BMT.2011.227.

[11] W. Erb, C. Kaethner, M. Ahlborg und T. M. Buzug: *Bivariate Lagrange interpolation at the node points of non-degenerate Lissajous curves*. Numerische Mathematik, 2015, DOI 10.1007/s00211-015-0762-1.

[12] M. Erbe, M. Grüttner, T. F. Sattel und T. M. Buzug: *Experimentelle Realisierungen einer vollständigen Trajektorie für die magnetische Partikel-Bildgebung mit einer feldfreien Linie*. In: *Bildverarbeitung für die Medizin*, S. 358 – 362, 2012, DOI 10.1007/978-3-642-28502-8_62.

[13] A. v. Gladiß, M. Ahlborg, T. Knopp und T. M. Buzug: *Compressed Sensing and Sparse Reconstruction in Magnetic Particle Imaging*. In: *International Workshop on Magnetic Particle Imaging (IWMPI) 2014, Book of Abstracts*, S. 19, 2014.

[14] A. v. Gladiß, M. Ahlborg, T. Knopp und T. M. Buzug: *Compressed Sensing and Sparse Reconstruction in Magnetic Particle Imaging.* IEEE Transactions on Magnetics, 51(2), Artikel-ID 6501304, 2015, DOI 10.1109/TMAG.2014.2326432.

[15] A. v. Gladiß, K. Gräfe, M. Ahlborg und T. M. Buzug: *Undersampling the System Matrix of a Single Sided MPI-Scanner.* In: *International Workshop on Magnetic Particle Imaging (IWMPI) 2015, IEEE Xplore Digital Library*, 2015, DOI 10.1109/IWMPI.2015.7107021.

[16] M. Graeser, M. Ahlborg, A. Behrends, K. Bente, G. Bringout, C. Debbeler, A. v. Gladiß, K. Gräfe, C. Kaethner, S. Kaufmann, K. Lüdke-Buzug, H. Medimagh, J. Stelzner, M. Weber und T. M. Buzug: *A Device For Measuring the Trajectory Dependent Magnetic Particle Performance for MPI.* In: *International Workshop on Magnetic Particle Imaging (IWMPI) 2015, IEEE Xplore Digital Library*, 2015, DOI 10.1109/IWMPI.2015.7107078.

[17] M. Graeser, S. Biederer, M. Grüttner, H. Wojtczyk, T. F. Sattel, W. Tenner, G. Bringout und T. M. Buzug: *Determination of System Functions in Magnetic Particle Imaging.* In: *Springer Proceedings in Physics*, Band 140, S. 59 – 64, 2012, DOI 10.1007/978-3-642-24133-8_10.

[18] M. Graeser, T. Knopp, M. Grüttner, T. F. Sattel, und T. M. Buzug: *Signal Separation in MPI.* In: *Proceedings IEEE Nuclear Science Symposium and Medical Imaging Conference*, S. 2483 – 2485, 2012, DOI 10.1109/NSSMIC.2012.6551566.

[19] M. Graeser, T. Knopp, M. Grüttner, T. F. Sattel und T. M. Buzug: *Analog Receive Signal Processing for Magnetic Particle Imaging.* Medical Physics, 40(4), Artikel-ID 042303, 2013, DOI 10.1118/1.4794482.

[20] M. Graeser, T. Knopp, M. Grüttner, T. F. Sattel, G. Bringout, W. Tenner, H. Wojtczyk und T. M. Buzug: *Cancellation Techniques for MPI.* In: *International Workshop on Magnetic Particle Imaging (IWMPI) 2013, IEEE Xplore Digital Library*, S. 1, 2013, DOI 10.1109/IWMPI.2013.6528331.

[21] K. Gräfe, M. Grüttner, T. F. Sattel, M. Graeser und T. M. Buzug: *Single-Sided Magnetic Particle Imaging: Magnetic Field and Gradient.* In: *SPIE Medical Imaging*, Band 8672, S. 867219–1 – 867219–6, 2013, DOI 10.1117/12.2001610.

[22] K. Gräfe, M. Grüttner, T. F. Sattel, C. Kaethner und T. M. Buzug: *Phantom Simulation Based on Measured Gradient Fields of a Single-Sided MPI Scanner.* In: *International Workshop on Magnetic Particle Imaging (IWMPI) 2013, IEEE Xplore Digital Library*, 2013, DOI 10.1109/IWMPI.2013.6528352.

[23] M. Gräser, S. Biederer, M. Grüttner, H. Wojtczyk, W. Tenner, T. F. Sattel, B. Gleich, J. Borgert und T. M. Buzug: *Determination of a 1D-MPI-System-Function using a Magnetic Particle Spectroscope*. In: *Deutsche Gesellschaft für Biomedizinische Technik Jahrestagung*, Band 56 Suppl. 1, 2011, DOI 10.1515/BMT.2011.302.

[24] K. Gräfe, A. v. Gladiß, G. Bringout, M. Ahlborg und T. M. Buzug: *2D Imaging with a Single-Sided MPI Device*. In: *International Workshop on Magnetic Particle Imaging (IWMPI) 2015, IEEE Xplore Digital Library*, 2015, DOI 10.1109/IWMPI.2015.7107024.

[25] F. Griese, M. Grüttner und T. M. Buzug: *Extended Field of View in Magnetic Particle Imaging*. In: *Deutsche Gesellschaft für Biomedizinische Technik Jahrestagung*, Band 57 Suppl. 1, S. 755, 2012, DOI 10.1515/bmt-2012-4083.

[26] M. Grüttner, T. F. Sattel, M. Graeser, H. Wojtczyk, G. Bringout, W. Tenner und T. M. Buzug: *Enlarging the Field of View in Magnetic Particle Imaging - A Comparison*. In: *Springer Proceedings in Physics*, Band 140, S. 249 – 253, 2012, DOI 10.1007/978-3-642-24133-8_40.

[27] M. Grüttner, T. F. Sattel, F. Griese und T. M. Buzug: *System Matrices for Field of View Patches in Magnetic Particle Imaging*. In: *SPIE Medical ImagingMedical Imaging*, Band 8672, S. 1A–1 – 1A–6, 2013, DOI 10.1117/12.2002424.

[28] M. Grüttner, M. Gräser, S. Biederer, T. F. Sattel, H. Wojtczyk, W. Tenner, T. Knopp, B. Gleich, J. Borgert und T. M. Buzug: *1D-Image Reconstruction for Magnetic Particle Imaging Using a Hybrid System Function*. In: *Proceedings IEEE Nuclear Science Symposium and Medical Imaging Conference*, S. 2545 – 2548, 2011, DOI 10.1109/NSSMIC.2011.6152687.

[29] M. Grüttner, T. Knopp, J. Franke, M. Heidenreich, J. Rahmer, A. Halkola, C. Kaethner, J. Borgert und T. M. Buzug: *On the formulation of the image reconstruction problem in magnetic particle imaging*. Biomedizinische Technik/Biomedical Engineering, 58(6), S. 583 – 591, 2013, DOI 10.1515/bmt-2012-0063.

[30] M. Grüttner, T. F. Sattel, G. Bringout, M. Graeser, W. Tenner, H. Wojtczyk und T. M. Buzug: *Truncation Artifacts In Magnetic Particle Imaging*. In: *International Workshop on Magnetic Particle Imaging (IWMPI) 2013, IEEE Xplore Digital Library*, 2013, DOI 10.1109/IWMPI.2013.6528335.

[31] C. Kaethner, M. Ahlborg, G. Bringout, M. Weber und T. M. Buzug: *Axially Elongated Field-Free Point Data Acquisition in Magnetic Particle Imaging*. IEEE Transactions on Medical Imaging, 34(2), S. 381 – 387, 2015, DOI 10.1109/TMI.2014.2357077.

[32] C. Kaethner, M. Ahlborg und T. M. Buzug: *Focus Field Based Trajectory Elongation in MPI*. In: *International Workshop on Magnetic Particle Imaging (IWMPI) 2015, IEEE Xplore Digital Library*, 2015, DOI 10.1109/IWMPI.2015.7107019.

[33] C. Kaethner, M. Ahlborg, K. Gräfe, G. Bringout, T. F. Sattel und T. M. Buzug: *On the Way to a Patient Table Integrated Scanner System in Magnetic Particle Imaging*. In: *SPIE Medical Imaging*, Band 9038, S. 903816–1 – 903816–6, 2014, DOI 10.1117/12.2042765.

[34] C. Kaethner, M. Ahlborg, T. Knopp, T. F. Sattel und T. M. Buzug: *Efficient Gradient Field Generation Providing a Multi-Dimensional Arbitrary Shifted Field-Free Point for Magnetic Particle Imaging*. Journal of Applied Physics, 115(5), S. 044910–1 – 044910–5, 2014.

[35] C. Kaethner, K. Gräfe, M. Ahlborg, G. Bringout, T. F. Sattel und T. M. Buzug: *Asymmteric Scanner Design for Interventional Scenarios in Magnetic Particle Imaging*. IEEE Transactions on Magnetics, 51(2), Artikel-ID 6501904, 2015.

[36] C. Kaethner, K. Gräfe, M. Grüttner und T. M. Buzug: *Approximated Elliptical Coils in Magnetic Particle Imaging*. In: *International Workshop on Magnetic Particle Imaging (IWMPI) 2013, IEEE Xplore Digital Library*, 2013, DOI 10.1109/IWMPI.2013.6528343.

[37] C. Kaethner, K. Gräfe, M. Ahlborg, G. Bringout, T. F. Sattel und T. M. Buzug: *Asymmteric Scanner Design for Unlimited Patient Access in Magnetic Particle Imaging*. In: *International Workshop on Magnetic Particle Imaging (IWMPI) 2014, Book of Abstracts*, S. 84, 2014.

[38] C. Kaethner, T. Knopp, M. Ahlborg, T. F. Sattel und T. M. Buzug: *Efficient Gradient Fields in Magnetic Particle Imaging - From One Dimension to Multiple Dimensions*. In: *International Workshop on Magnetic Particle Imaging (IWMPI) 2014, Book of Abstracts*, S. 72, 2014.

[39] N. Panagiotopoulos, R. Duschka, M. Ahlborg, G. Bringout, C. Debbeler, M. Graeser, C. Kaethner, K. Lüdtke-Buzug, H. Medimagh, J. Stelzner, T. M. Buzug, J. Barkhausen, F. M. Vogt und J. Haegele: *Magnetic particle imaging – Current developments and future directions*. International Journal of Nanomedicine, 10, S. 3097 – 3114, 2015, DOI 10.2147/IJN.S70488.

[40] P. Szwargulski, M. Ahlborg, C. Kaethner und T. M. Buzug: *Trajectory Analysis using Patches for Magnetic Particle Imaging*. In: *International Workshop on Magnetic Particle Imaging (IWMPI) 2014, Book of Abstracts*, S. 108, 2014.

[41] P. Szwargulski, M. Ahlborg, C. Kaethner und T. M. Buzug: *Trajectory Analysis Using Patches for Magnetic Particle Imaging*. IEEE Transactions on Magnetics, 51(2), Artikel-ID 6501104, 2015, DOI 10.1109/TMAG.2014.2350152.

[42] P. Szwargulski, C. Kaethner, M. Ahlborg und T. M. Buzug: *A Radial Lissajous Trajectory for Magnetic Particle Imaging*. In: *International Workshop on Magnetic Particle Imaging (IWMPI) 2015, IEEE Xplore Digital Library*, 2015, DOI 10.1109/IWMPI.2015.7107044.

[43] P. Szwargulski, J. Rahmer, M. Ahlborg, C. Kaethner und T. M. Buzug: *Experimental Evaluation of Different Weighting Schemes in Magnetic Particle Imaging Reconstruction*. In: *Deutsche Gesellschaft für Biomedizinische Technik Jahrestagung*, S. 206 – 209, 2015, DOI 10.1515/CDBME-2015-0052.

[44] W. Tenner, H. Wojtczyk G., Bringout, M. Graeser, M. Grüttner J., Haegele, R. L. Duschka, N. Panagiotopoulos, F. M. Vogt, J. Barkhausen und T. M. Buzug: *Receive Coil Optimization for an Open Magnetic Particle Imaging Scanner*. In: *International Workshop on Magnetic Particle Imaging (IWMPI) 2013, IEEE Xplore Digital Library*, 2013, DOI 10.1109/IWMPI.2013.6528336.

[45] A. Timmermeyer, H. Wojtczyk, W. Tenner, G. Bringout, M. Grüttner, M. Graeser, T. F. Sattel, A. Halkola und T. M. Buzug: *Super-resolution approach in magnetic particle imaging – Evaluation of effectiveness at various noise levels*. In: *Proceedings der 44. Jahrestagung der Deutschen Gesellschaft für Medizinische Physik*, S. 105 – 106, 2013.

[46] A. Timmermeyer, H. Wojtczyk, W. Tenner, G. Bringout, M. Grüttner M., Graeser, T. Sattel, A. Halkola und T. M. Buzug: *Super-tesolution approaches for resolution enhancement in magnetic particle imaging*. In: *International Workshop on Magnetic Particle Imaging (IWMPI) 2013, IEEE Xplore Digital Library*, 2013, DOI 10.1109/IWMPI.2013.6528360.

[47] H. Wojtczyk, G. Bringout, W. Tenner, M. Graeser, M. Grüttner, T. F. Sattel, K. Gräfe und T. M. Buzug: *Toward the Optimization of D-shaped Coils for the Use in an Open Magnetic Particle Imaging Scanner*. IEEE Transactions on Magnetics, 50(7), Artikel-ID 5100507, 2014, DOI 10.1109/TMAG.2014.2303113.

[48] H. Wojtczyk, G. Bringout, W. Tenner, M. Graeser, M. Grüttner, T. F. Sattel, K. Gräfe, J. Haegele, R. L. Duschka, N. Panagiotopoulos, F. M. Vogt, J. Barkhausen und T. M. Buzug: *Comparison of Open Scanner Designs for Interventional Magnetic Particle Imaging*. In: *Deutsche Gesellschaft für Biomedizinische Technik Jahrestagung*, Band 58 Suppl. 1, S. 167 – 172, 2013, DOI 10.1515/bmt-2013-4279.

[49] H. Wojtczyk, J. Haegele, M. Grüttner, W. Tenner, G. Bringout, M. Graeser, F. M. Vogt, J. Barkhausen und T. M. Buzug: *Visualization of Instruments in interventional Magnetic Particle Imaging (iMPI): A Simulation Study on SPIO Labelings*. In: *Springer Proceedings in Physics*, Band 140, S. 167 – 172, 2012, DOI 10.1007/978-3-642-24133-8_27.

[50] H. Wojtczyk, A. Timmermeyer, W. Tenner, T. F. Sattel, G. Bringout, M. Grüttner, M. Graeser und T. M. Buzug: *Measure of trajectory quality in Magnetic Particle Imaging*. In: *International Workshop on Magnetic Particle Imaging (IWMPI) 2013, IEEE Xplore Digital Library*, 2013, DOI 10.1109/IWMPI.2013.6528351.

9.2 Allgemeine Referenzen

[51] DIN EN 60601-2-33: *VDE 0750-2-33:2011-07 Medizinische elektrische Geräte - Teil 2-33: Besondere Festlegungen für die Sicherheit von Magnetresonanzgeräten für die medizinische Diagnostik (IEC 60601-2-33:2010)*. Deutsches Institut für Normung, 2010.

[52] C. Alexiou, W. Arnold, R. J. Klein, F. G. Parak, P. Hulin, C. Bergemann, W. Erhardt, S. Wagenpfeil und A. S. Lübbe: *Locoregional cancer treatment with magnetic drug targeting*. Cancer Research, 60(23), S. 6641 – 6648, 2000.

[53] H. H. Barrett und K. J. Myers: *Foundations of Image Science*. John Wiley & Sons, New York, 2003.

[54] S. Biederer: *Magnet-Partikel-Spektrometer: Entwicklung Eines Spektrometers zur Analyse Superparamagnetischer Eisenoxid-Nanopartikel für Magnetic-Particle-Imaging*. Aktuelle Forschung Medizintechnik - Latest Research in Medical Engineering. Vieweg+Teubner Verlag, Wiesbaden, 2012, DOI 10.1007/978-3-8348-2407-3.

[55] S. Biederer, T. Knopp, T. F. Sattel, K. Lüdtke-Buzug, B. Gleich, J. Weizenecker, J. Borgert und T. M. Buzug: *Magnetization Response Spectroscopy of Superparamagnetic Nanoparticles for Magnetic Particle Imaging*. Journal of Physics D: Applied Physics, 42(20), Artikel-ID 205007, 2009, DOI 10.1088/0022-3727/42/20/205007.

[56] S. Biederer, T. F. Sattel, S. Kren, M. Erbe, T. Knopp, K. Lüdtke-Buzug und T. M. Buzug: *A Spectrometer Using Oscillating and Static Fields to Measure the Suitability of Super-Paramagnetic Nanoparticles for Magnetic Particle Imaging*. In: *World Molecular Imaging Congress*, S. 96, 2010.

[57] J. Borgert, J. D. Schmidt, I. Schmale, C. Bontus, B. Gleich, B. David, J. Weizenecker, J. Jockram, C. Lauruschkat, O. Mende, M. Heinrich, A. Halkola, J. Bergmann, O. Woywode und J. Rahmer: *Perspectives on clinical magnetic particle imaging*. Biomedizinische Technik/Biomedical Engineering, 58(6), S. 551 – 556, 2013, DOI 10.1515/bmt-2012-0064.

[58] W. F. Brown: *Thermal fluctuations of a single-domain particle*. Physical Review, 130(5), S. 1677 – 1686, 1963, DOI 10.1103/PhysRev.130.1677.

[59] F. A. Burgener, S. P. Meyers und R. K. Tan: *Differential Diagnosis in Magnetic Resonance Imaging*. Thieme, Stuttgart, 2012.

[60] S. Chikazumi und S. H. Charap: *Physics of Magnetism*. John Wiley & Sons, New York, 1964.

[61] L. R. Croft, P. W. Goodwill und S. M. Conolly: *Relaxation in X-Space Magnetic Particle Imaging*. IEEE Transactions on Medical Imaging, 31(12), S. 2335 – 2342, 2012, DOI 10.1007/978-3-642-24133-8_240.

[62] O. Dössel und J. Bohnert: *Safety considerations for magnetic fields of 10 mT to 100 mT amplitude in the frequency range of 10 kHz to 100 kHz for magnetic particle imaging*. Biomedizinische Technik/Biomedical Engineering, 58(6), S. 611 – 621, 2013, DOI 10.1515/bmt-2013-0065.

[63] D. Eberbeck, F. Wiekhorst, S. Wagner und L. Trahms: *How the size distribution of magnetic nanoparticles determines their magnetic particle imaging performance*. Applied Physics Letters, 98(18), Artikel-ID 182502, 2011, DOI 10.1063/1.3586776.

[64] M. Erbe, T. F. Sattel und T. M. Buzug: *Improved field free line magnetic particle imaging using saddle coils*. Biomedizinische Technik/Biomedical Engineering, 58(6), S. 577 – 582, 2013, DOI 10.1515/bmt-2013-0030.

[65] Bruker Biospin MRI GmbH, Ettlingen, Deutschland: *MPI PreClinical Brochure*. https://www.bruker.com/fileadmin/user_upload/8-PDF-Docs/PreclinicalImaging/Brochures/MPI-PreClinical-Brochure.pdf, Stand 21.04.2015.

[66] R. M. Ferguson, A. P. Khandhar, H. Arami, L. Hua, O. Hovorka und K. M. Krishnan: *Tailoring the magnetic and pharmacokinetic properties of iron oxide magnetic particle imaging tracers*. Biomedizinische Technik/Biomedical Engineering, 58(6), S. 493 – 507, 2013, DOI 10.1515/bmt-2012-0058.

[67] D. Finas, K. Baumann, L. Sydow, K. Heinrich, K. Gräfe, T. Buzug und K. Lüdtke-Buzug: *Detection and Distribution of Superparamagnetic Nanoparticles in Lymphatic Tissue in a Breast Cancer Model for Magnetic Particle Imaging*. In: *Deutsche Gesellschaft für Biomedizinische Technik Jahrestagung*, Band 57 Suppl. 1, S. 81 – 83, 2012, DOI 10.1515/bmt-2012-4158.

[68] B. Gleich und J. Weizenecker: *Tomographic imaging using the nonlinear response of magnetic particles*. Nature, 435(7046), S. 1214 – 1217, 2005, DOI 10.1038/nature03808.

[69] B. Gleich, J. Weizenecker und J. Borgert: *Experimental results on fast 2D-encoded magnetic particle imaging*. Physics in Medicine and Biology, 53(6), S. N81 – N84, 2008, DOI 10.1088/0031-9155/53/6/N01.

[70] B. Gleich, J. Weizenecker, H. Timminger, C. Bontus, I. Schmale, J. Rahmer, J. Schmidt, J. Kanzenbach und J. Borgert: *Fast MPI Demonstrator with Enlarged Field of View*. In: *Proceedings of the International Society for Magnetic Resonance in Medicine*, Band 18, S. 218, 2010.

[71] P. W. Goodwill und S. M. Conolly: *The x-Space Formulation of the Magnetic Particle Imaging process: One-Dimensional Signal, Resolution, Bandwidth, SNR, SAR, and Magnetostimulation*. IEEE Transactions on Medical Imaging, 29(11), S. 1851 – 1859, 2010, DOI 10.1109/TMI.2010.2052284.

[72] P. W. Goodwill und S. M. Conolly: *Multi-Dimensional X-Space Magnetic Particle Imaging*. IEEE Transactions on Medical Imaging, 30(9), S. 1581 – 1590, 2011, DOI 10.1109/TMI.2011.2125982.

[73] P. W. Goodwill, J. J. Konkle, B. Zheng, E. U. Saritas und S. M. Conolly: *Projection X-Space Magnetic Particle Imaging*. IEEE Transactions on Medical Imaging, 31(5), S. 1076 – 1085, 2012, DOI 10.1109/TMI.2012.2185247.

[74] P. W. Goodwill, K. Lu, B. Zheng und S. M. Conolly: *An x-space magnetic particle imaging scanner*. Review of Scientific Instruments, 83(3), S. 033708–1 – 033708–9, 2012, DOI 10.1063/1.3694534.

[75] P. W. Goodwill, G. C. Scott, P. P. Stang und S. M. Conolly: *Narrowband Magnetic Particle Imaging*. IEEE Transactions on Medical Imaging, 28(8), S. 1231 – 1237, 2009, DOI 10.1109/TMI.2009.2013849.

[76] M. Graeser, K. Bente und T. M. Buzug: *Dynamic single-domain particle model for magnetite particles with combined crystalline and shape anisotropy*. Journal of Physics D: Applied Physics, 48(27), Artikel-ID 275001, 2015, DOI 10.1088/0022-3727/48/27/275001.

[77] K. Gräfe, G. Bringout, M. Graeser, T. F. Sattel und T. M. Buzug: *System Matrix Recording and Phantom Measurements with a Single-Sided Magnetic Particle Imaging Device*. IEEE Transactions on Magnetics, 51(2), Artikel-ID 6502303, 2015, DOI 10.1109/TMAG.2014.2330371.

[78] J. Haegele, J. Rahmer, B. Gleich, J.Borgert, H. Wojtczyk, N. Panagiotopoulos, T. M. Buzug, J. Barkhausen und F. M. Vogt: *Magnetic Particle Imaging: Visualization of Instruments for Cardiovascular Intervention*. Radiology, 265(3), S. 933 – 938, 2012, DOI 10.1148/radiol.12120424.

[79] A. Halkola, T. M. Buzug, J. Rahmer, B. Gleich und C. Bontus: *System Calibration Unit for Magnetic Particle Imaging: Focus Field Based System Function*. In: *Springer Proceedings in Physics*, Band 140, S. 27 – 31, 2012, DOI 10.1007/978-3-642-24133-8_5.

[80] A. Halkola, J. Rahmer, B. Gleich, J. Borgert und T. M. Buzug: *System calibration unit for Magnetic Particle Imaging: System matrix.* In: *International Workshop on Magnetic Particle Imaging (IWMPI) 2013, IEEE Xplore Digital Library*, 2013, DOI 10.1109/IWMPI.2013.6528343.

[81] M. R. Hestenes und E. Stiefel: *Methods of conjugate gradients for solving linear systems.* Journal of Research of the National Bureau of Standards, 49(6), S. 409 – 436, 1952.

[82] D. I. Hoult und R. E. Richards: *The signal-to-noise ratio of the nuclear magnetic resonance experiment.* Journal of Magnetic Resonance, 24(1), S. 71 – 85, 1976, DOI 10.1016/0022-2364(76)90233-X.

[83] S. Kaczmarz: *Angenäherte Auflösung von Systemen linearer Gleichungen.* Bulletin of the International Academy Polonica Sciences Letters A, 35, S. 355 – 357, 1937.

[84] T. Knopp: *Effiziente Rekonstruktion und Alternative Spulentopologien für Magnetic-Particle-Imaging.* Aktuelle Forschung Medizintechnik - Latest Research in Medical Engineering. Vieweg+Teubner Verlag, Wiesbaden, 2011, DOI 10.1007/978-3-8348-8129-8.

[85] T. Knopp, S. Biederer, T. Sattel, J. Weizenecker, B. Gleich, J. Borgert und T. M. Buzug: *Trajectory analysis for magnetic particle imaging.* Physics in Medicine and Biology, 54(2), S. 385 – 391, 2009, DOI 10.1088/0031-9155/54/2/014.

[86] T. Knopp, S. Biederer, T. F. Sattel, M. Erbe und T. M. Buzug: *Prediction of the Spatial Resolution of Magnetic Particle Imaging Using the Modulation Transfer Function of the Imaging Process.* IEEE Transactions on Medical Imaging, 30(6), S. 1284 – 1292, 2011, DOI 10.1109/TMI.2011.2113188.

[87] T. Knopp, S. Biederer, T. F. Sattel, J. Rahmer, J. Weizenecker, B. Gleich, J. Borgert und T. M. Buzug: *2D Model-based reconstruction for magnetic particle imaging.* Medical Physics, 37(2), S. 485 – 491, 2010, DOI 10.1118/1.3271258.

[88] T. Knopp und T. M. Buzug: *Magnetic Particle Imaging: An Introduction to Imaging Principles and Scanner Instrumentation.* Springer, Berlin/Heidelberg, 2012, DOI 10.1007/978-3-642-04199-0.

[89] T. Knopp, M. Erbe, S. Biederer, T. F. Sattel und T. M. Buzug: *Efficient Generation of a Magnetic Field-Free Line.* Medical Physics, 37(7), S. 3538 – 3540, 2010.

[90] T. Knopp, M. Erbe, T. F. Sattel, S. Biederer und T. M. Buzug: *A Fourier slice theorem for magnetic particle imaging using a field-free line.* Inverse Problems, 27(9), Artikel-ID 095004, 2011, DOI 10.1088/0266-5611/27/9/095004.

[91] T. Knopp, J. Rahmer, T. F. Sattel, S. Biederer, J. Weizenecker, B. Gleich, J. Borgert und T. M. Buzug: *Weighted iterative reconstruction for magnetic particle imaging*. Physics in Medicine and Biology, 55(6), S. 1577 – 1589, 2010, DOI 10.1088/0031-9155/55/6/003.

[92] T. Knopp, T. F. Sattel, S. Biederer, J. Rahmer, J. Weizenecker, B. Gleich, J. Borgert und T. M. Buzug: *Model-based reconstruction for magnetic particle imaging*. IEEE Transactions on Medical Imaging, 29(1), S. 12 – 18, 2010, DOI 10.1109/TMI.2009.2021612.

[93] T. Knopp und A. Weber: *Sparse Reconstruction of the Magnetic Particle Imaging System Matrix*. IEEE Transactions on Medical Imaging, 32(8), S. 1473 – 1480, 2013, DOI 10.1109/TMI.2013.2258029.

[94] T. Knopp und A. Weber: *Local Compression of the Magnetic Particle Imaging System Matrix for Efficient Image Reconstruction*. In: *International Workshop on Magnetic Particle Imaging (IWMPI) 2015, IEEE Xplore Digital Library*, 2015, DOI 10.1109/IWMPI.2015.7106991.

[95] J. Lampe, C. Bassoy, J. Rahmer, J. Weizenecker, H. Voss, B. Gleich und J. Borgert: *Fast reconstruction in magnetic particle imaging*. Physics in Medicine and Biology, 57(4), S. 1113 – 1134, 2012, DOI 10.1088/0031-9155/57/4/1113.

[96] R. Lawaczeck, H. Bauer, T. Frenzel, M. Hasegawa, Y. Ito, K. Kito, N. Miwa, H. Tsutsui, H. Vogler und H. J. Weinmann: *Magnetic iron oxide particles coated with carboxydextran for parenteral administration and liver contrasting. Pre-clinical profile of SH U555A*. Acta Radiologica, 38(4), S. 584 – 597, 1997, DOI 10.1080/02841859709174391.

[97] K. Lu, P. W. Goodwill, E. U. Saritas, B. Zheng und S. M. Conolly: *Linearity and shift invariance for quantitative magnetic particle imaging*. IEEE Transactions on Medical Imaging, 32(9), S. 1565 – 1575, 2013, DOI 10.1109/TMI.2013.2257177.

[98] L. Néel: *Some theoretical aspects of rock-magnetism*. Advances in Physics, 4(14), S. 191 – 243, 1955, DOI 10.1080/00018735500101204.

[99] N. Nothnagel und J. Sánchez-González: *Measurement of System Functions with Extended Field-of-View*. IEEE Transactions on Magnetics, 51(2), Artikel-ID 5100504, 2015, DOI 10.1109/TMAG.2014.2326253.

[100] N. D. Nothnagel, J. Sánchez-González, A. Halkola und J. Rahmer: *Measurement of System Functions with Extended Field-of-View*. In: *International Workshop on Magnetic Particle Imaging (IWMPI) 2014, Book of Abstracts*, S. 74, 2014.

[101] J. J. Pouw, R. M. Fratila, B. ten Haken und A. H. Velders: *Ex vivo Magnetic Sentinel Lymph Node detection in colorectal cancer with a SPIO tracer*. In: *Springer Proceedings in Physics*, Band 140, S. 181 – 185, 2012, DOI 10.1007/978-3-642-24133-8_29.

[102] J. Rahmer, B. Gleich, C. Bontus, I. Schmale, J. Schmidt J., Kanzenbach, O. Woywode, J. Weizenecker und J. Borgert: *Rapid 3D in vivo Magnetic Particle Imaging with a Large Field of View*. In: *Proceedings of the International Society for Magnetic Resonance in Medicine*, Band 19, S. 3285, 2011.

[103] J. Rahmer, B. Gleich, C. Bontus, I. Schmale, J. Schmidt J., Kanzenbach, O. Woywode, J. Weizenecker und J. Borgert: *Results on Rapid 3D Magnetic Particle Imaging with a Large Field of View*. In: *Proceedings of the International Society for Magnetic Resonance in Medicine*, Band 19, S. 629, 2011.

[104] J. Rahmer, B. Gleich, C. Bontus, J. Schmidt, I. Schmale, J. Borgert, O. Woywode und T. Buzug: *Automated Derivation of Sub-Volume System Functions for 3D MPI With Fast Continuous Focus Field Variation*. In: *International Workshop on Magnetic Particle Imaging (IWMPI) 2014, Book of Abstracts*, S. 97, 2014.

[105] J. Rahmer, B. Gleich, J. Weizenecker, A. Halkola, C. Bontus, J. Schmidt, I. Schmale, O. Woywode, T. Buzug und J. Borgert: *Fast continuous motion of the field of view in magnetic particle imaging*. In: *International Workshop on Magnetic Particle Imaging (IWMPI) 2013, IEEE Xplore Digital Library*, 2013, DOI 10.1109/IWMPI.2013.6528353.

[106] J. Rahmer, J. Weizenecker, B. Gleich und J. Borgert: *Signal encoding in magnetic particle imaging*. BMC Medical Imaging, 9(4), 2009, DOI 10.1186/1471-2342-9-4.

[107] J. Rahmer, J. Weizenecker, B. Gleich und J. Borgert: *Analysis of a 3-D System Function Measured for Magnetic Particle Imaging*. IEEE Transactions on Medical Imaging, 31(6), S. 1289 – 1299, 2012, DOI 10.1109/TMI.2012.2188639.

[108] J. P. Reilly: *Peripheral nerve stimulation by induced electric currents: Exposure to time-varying magnetic fields*. Medical and Biological Engineering and Computing, 27(2), S. 101 – 110, 1989, DOI 10.1007/BF02446217.

[109] J. P. Reilly: *Maximum pulsed electromagnetic field limits based on peripheral nerve stimulation: application to IEEE/ANSI C95.1 electromagnetic field standards*. IEEE Transactions Biomedical Engineering, 45(1), S. 137 – 141, 1998, DOI 10.1109/10.650371.

[110] H. Risken: *The Fokker-Planck Equation*. Springer Series in Synergetics, Berlin/Heidelberg, 1984, DOI 10.1007/978-3-642-96807-5.

[111] H. Rogge, M. Erbe, T. M. Buzug und K. Lüdtke-Buzug: *Simulation of the magnetization dynamics of diluted ferrofluids in medical applications.* Biomedizinische Technik/Biomedical Engineering, 58(6), S. 601 – 609, 2013, DOI 10.1515/bmt-2013-0034.

[112] E. U. Saritas, P. W. Goodwill, L. R. Croft, J. J. Konkle, K. Lu, B. Zheng und S. M. Conolly: *Magnetic particle imaging (MPI) for NMR and MRI researchers.* Journal of Magnetic Resonance, 229, S. 116 – 126, 2013, DOI 10.1016/j.jmr.2012.11.029.

[113] E. U. Saritas, P. W. Goodwill, G. Z. Zhang und S. M. Conoll: *Magnetostimulation Limits in Magnetic Particle Imaging.* IEEE Transactions on Medical Imaging, 32(9), S. 1600 – 1610, 2013, DOI 10.1109/TMI.2013.2260764.

[114] T. F. Sattel, S. E. Heinitz, M. Erbe und T. M. Buzug: *Experimental Setup of Receive Coils with Transaxial Sensitivity Profiles.* In: *International Workshop on Magnetic Particle Imaging (IWMPI) 2013, IEEE Xplore Digital Library*, 2013, DOI 10.1109/IWMPI.2013.6528355.

[115] T. F. Sattel, T. Knopp, S. Biederer und T. M. Buzug: *Open Coil Arrangement for Interventional Magnetic Particle Imaging.* In: *Proceedings of the International Society for Magnetic Resonance in Medicine*, Band 180, S. 945, 2010.

[116] T. F. Sattel, T. Knopp, S. Biederer, B. Gleich, J. Weizenecker, J. Borgert und T. M. Buzug: *Single-Sided Device for Magnetic Particle Imaging.* Journal of Physics D: Applied Physics, 42(2), Artikel-ID 022001, 2009, DOI 10.1088/0022-3727/42/2/022001.

[117] M. Schilling, F. Ludwig, C. Kuhlmann und T. Wawrzik: *Magnetic particle imaging scanner with 10-kHz drive-field frequency.* Biomedizinische Technik/Biomedical Engineering, 58(6), S. 557 – 563, 2013, DOI 10.1515/bmt-2013-0014.

[118] I. Schmale, B. Gleich, J. Kanzenbach, J. Rahmer, J. Schmidt, J. Weizenecker und J. Borgert: *An Introduction to the Hardware of Magnetic Particle Imaging.* In: *World Congress on Medical Physics and Biomedical Engineering*, Band 25/2, S. 450 – 452, 2009, DOI 10.1007/978-3-642-03879-2_127.

[119] I. Schmale, B. Gleich, J. Schmidt, J. Rahmer, C. Bontus, R. Eckart, B. David, M. Heinrich, O. Mende, O. Woywode, J. Jokram und J. Borgert: *Human PNS and SAR study in the frequency range from 24 to 162 kHz.* In: *International Workshop on Magnetic Particle Imaging (IWMPI) 2013, IEEE Xplore Digital Library*, 2013, DOI 10.1109/IWMPI.2013.6528346.

[120] I. Schmale, J. Rahmer, B. Gleich, J. Kanzenbach, J. D. Schmidt, C. Bontus, O. Woywode und J. Borgert: *First phantom and in vivo MPI images with an extended field of view.* In: *SPIE Medical Imaging,* Band 7965, S. 796510–1 – 796510–6, 2011, DOI 10.1117/12.877339.

[121] H. Schomberg: *Magnetic particle imaging: Model and reconstruction.* In: *Proceedings IEEE International Symposium on Biomedical Imaging,* S. 992 – 995, 2010, DOI 10.1109/ISBI.2010.5490155.

[122] V. Schulz, M. Mahlke, S. Hubertus, F. Kiessling und M. Straub: *A Field Cancellation Signal Extraction Method for Magnetic Particle Imaging.* IEEE Transactions on Magnetics, 51(2), Artikel-ID 6501804, 2015, DOI 10.1109/TMAG.2014.2325852.

[123] C. Seliger, R. Jurgons, F. Wiekhorst, D. Eberbeck, L. Trahms, H. Iro und C. Alexiou: *In vitro investigation of the behaviour of magnetic particles by a circulating artery model.* Journal of Magnetism and Magnetic Materials, 311(1), S. 358 – 362, 2007, DOI 10.1016/j.jmmm.2006.10.1205.

[124] P. Vogel, M. A. Ruckert, P. Klauer, W. H. Kullmann, P. M. Jakob und V. C. Behr: *Traveling Wave Magnetic Particle Imaging.* IEEE Transactions on Medical Imaging, 33(2), S. 400 – 407, 2014, DOI 10.1109/TMI.2013.2285472.

[125] A. Weber und T. Knopp: *Symmetries of the 2D magnetic particle imaging system matrix.* Physics in Medicine and Biology, 60(10), S. 4033 – 4044, 2015, DOI 10.1088/0031-9155/60/10/4033.

[126] A. Weber, J. Weizenecker, J. Franke, U. Heinen und T. Buzug: *Reconstruction of Constant Concentrations Using the System Matrix Approach.* In: *International Workshop on Magnetic Particle Imaging (IWMPI) 2015, IEEE Xplore Digital Library,* 2015, DOI 10.1109/IWMPI.2015.7107048.

[127] M. Weber, K. Bente, M. Graeser, T. F. Sattel und T. M. Buzug: *Implementation of a High Precision Two-Dimensional Receiving Coil Set for Magnetic Particle Imaging.* IEEE Transactions on Magnetics, 51(2), Artikel-ID 6502404, 2015, DOI 10.1109/TMAG.2014.2331987.

[128] J. Weizenecker, J. Borgert und B. Gleich: *A simulation study on the resolution and sensitivity of magnetic particle imaging.* Physics in Medicine and Biology, 52(21), S. 6363 – 6374, 2007, DOI 10.1088/0031-9155/52/21/001.

[129] J. Weizenecker, B. Gleich und J. Borgert: *Magnetic particle imaging using a field free line.* Journal of Physics D: Applied Physics, 41(10), Artikel-ID 105009, 2008, DOI 10.1088/0022-3727/41/10/105009.

[130] J. Weizenecker, B. Gleich, J. Rahmer und J. Borgert: *Micro-magnetic simulation study on the magnetic particle imaging performance of anisotropic mono-domain particles*. Physics in Medicine and Biology, 57(22), S. 7317 – 7327, 2012, DOI 10.1088/0031-9155/57/22/7317.

[131] J. Weizenecker, B. Gleich, J. Rahmer, H. Dahnke und J. Borgert: *Three-dimensional real-time in vivo magnetic particle imaging*. Physics in Medicine and Biology, 54(5), S. L1 – L10, 2009, DOI 10.1088/0031-9155/54/5/L01.

[132] P. Wust, U. Gneveckow, M. Johannsen, D. Böhmer, T. Henkel, F. Kahmann, J. Sehouli, R. Felix, J. Ricke und A. Jordan: *Magnetic nanoparticles for interstitial thermotherapy-feasibility, tolerance and achieved temperatures*. International Journal of Hyperthermia, 22(8), S. 673 – 685, 2006, DOI 10.1080/02656730601106037.

Index